ISW 39

Berichte aus dem Institut für Steuerungstechnik
der Werkzeugmaschinen und Fertigungseinrichtungen
der Universität Stuttgart

A. HERRSCHER

Flexible Fertigungssysteme

Entwurf und Realisierung prozeßnaher Steuerungsfunktionen

Springer-Verlag
Berlin · Heidelberg · New York 1982

D 93

Mit 48 Abbildungen

ISBN-13:978-3-540-11043-9   e-ISBN-13:978-3-642-86723-1
DOI:10.1007/978-3-642-86723-1

Geleitwort des Herausgebers

Das Institut für Steuerungstechnik der Werkzeugmaschinen und Fertigungseinrichtungen der Universität Stuttgart befaßt sich mit den neuen Entwicklungen der Werkzeugmaschinen und anderen Fertigungseinrichtungen, die insbesondere durch den erhöhten Anteil der Steuerungstechnik an den Gesamtanlagen gekennzeichnet sind. Dabei stehen die numerisch gesteuerten Werkzeugmaschinen in Programmierung, Steuerung, Konstruktion und Arbeitseinsatz sowie die vermehrte Verwendung des Digitalrechners in Konstruktion und Fertigung im Vordergrund des Interesses.

Im Rahmen dieser Buchreihe sollen in zwangloser Folge drei bis fünf Berichte pro Jahr erscheinen, in welchen über einzelne Forschungsarbeiten berichtet wird. Vorzugsweise kommen hierbei Forschungsergebnisse, Dissertationen, Vorlesungsmanuskripte und Seminarausarbeitungen zur Veröffentlichung.

Diese Berichte sollen dem in der Praxis stehenden Ingenieur zur Weiterbildung dienen und helfen, Aufgaben auf diesem Gebiet der Steuerungstechnik zu lösen. Der Studierende kann mit diesen Berichten sein Wissen vertiefen.

Unter dem Gesichtspunkt einer schnellen und kostengünstigen Drucklegung wird auf besondere Ausstattung verzichtet und die Buchreihe im Fotodruck hergestellt.

Der Herausgeber dankt dem Springer-Verlag für Hinweise zur äußeren Gestaltung und Übernahme des Buchvertriebs.

Gottfried Stute

Inhaltsverzeichnis

Abkürzungen

A,B,C	Zustände, Schritte
AS	Arbeitsstation
B	Inhalt eines Befehlsmerkers
DDA	Digital Differential Analyzer
DNC	Direct Numerical Control
FE	Funktionseinheit(en)
FFS	Flexibles Fertigungssystem
FG	Funktionsgruppe(n)
G	Geometrieinformation
HHG	Handhabungsgerät
HR	Hardwarerest
K	Übergangsbedingungen
N	Satznummer (in Kapitel 3)
N	Schrittzählerstand (in Kapitel 5 und 6)
NC	Numerical Control (Numerische Steuerung)
PC	Programmable Controller (Speicherprogrammierbare Steuerung)
PR	Prozeßrechner
R	Ruhezustand, Randzustand (allgemein verwendet)
R	Rücksetzen, Rücksetzeingang (nur bei Merkersymbolen verwendet)
RBG	Regalbediengerät
S	Setzen, Setzeingang
s	stationär
$S_{N/H}$	stationärer Zustand mit niedrigstem/höchstem Energieniveau
T	Technologieinformation
t	temporär
$T_{N/H}$	temporärer Zustand mit Erniedrigung/Erhöhung des Energieniveaus
V	Verweilzustand
WHG	Werkzeughandhabungsgerät
WTG	Werkzeugtransportgerät
Z	Inhalt eines Zustandsmerkers
μR	Mikrorechner

Formelzeichen
----

f_a Abtastfrequenz

i, j, k Zählvariable

L Länge

m, n Zählvariable

mod modulo

T Zeit, Überwachungszeit

t Zeit

T_{real} Realzeit (Uhrzeit)

u, v Zählvariable

x, y Zählvariable

ϑ_{imax} maximal tolerierte Ausführungsdauer von Schritt i

ϑ_{diff} Zeitraster einer Differenzzeituhr

Weitere Erklärungen, insbesondere in den Abschnitten
4.2.1 ... 4.2.3, sind den entsprechenden Bildern bei-
gefügt.

1 Einleitung

Steuerungstechnische Entwicklungen haben nicht nur die Werkzeugmaschinen entscheidend verändert, sie führen auch zunehmend zu neuen Strukturen in der gesamten Fertigung. Wichtige Impulse gibt hier der rasche Fortschritt auf dem Gebiet der Mikroelektronik. Durch die Verwendung von Halbleiterbauelementen lassen sich mit geringem Aufwand große Mengen an Informationen speichern und schnell verarbeiten. So werden auch umfangreiche und komplexe Abläufe der Automatisierung zugänglich / 1 /.

Flexible Fertigungssysteme (FFS) bilden derartige, neue Strukturen innerhalb der Fertigung. Sie sind konzipiert für das automatische Fertigen unterschiedlicher Werkstücke eines abgegrenzten Teilespektrums in einer nicht durch Umrüsten unterbrochenen Folge / 2 /. Kennzeichnend ist die Verkettung verschiedener Arbeitsstationen über einen automatisierten Materialfluß und einen in ein gemeinsames Steuerungssystem integrierten Informationsfluß. Die zu beherrschenden Steuerungsfunktionen sind geprägt von der Komplexität der Bearbeitungsaufgaben und der Varianz des Fertigungsdurchlaufs der Werkstücke durch das FFS.

Die Vielfalt der möglichen Systemkonzepte bringt es mit sich, daß die Steuerungsfunktionen nur in geringem Umfang Standard werden können. Bestimmte abgegrenzte Bereiche, insbesondere bei der Steuerung von Bearbeitungseinheiten, können durch die in den vergangenen Jahren weitgehend eingeführten numerischen Steuerungen (NC) und speicherprogrammierbaren Steuerungen (PC) abgedeckt werden. Darüberhinaus sind vor allem zur Automatisierung des Lagerns und Transportierens von Werkstücken und Werkzeugen sowie zur Funktionsüberwachung Mikrorechner mit Prozeßrechnereigenschaften, also der Möglichkeit der direkten Prozeßkopplung, des Echtzeit-Datenaustauschs und der Fähigkeit zur Vorrangunterbrechung, einzusetzen.

Für den Steuerungsentwurf stellen die komplexeren Zusammenhänge im Zusammenspiel unterschiedlicher Systemkomponenten und vielfältiger Funktionskombinationen hohe Anforderungen.

Die Hilfsmittel für Entwurf und Dokumentation sind bisher
weitgehend den Maschinen, Steuerungen oder Rechnern ange-
paßt und damit problemfremd. So werden Systemkomponenten
üblicherweise in der jeweiligen Beschreibungsform ihrer Realisierung dokumentiert. In der geräteorientierten Darstellung ist jedoch nur die Ausführung festgehalten. Wesentliche
Informationen aus der Entwurfsphase gehen verloren. Das Wissen
von den übergeordneten Zusammenhängen existiert daher in der
Regel nur im Kopf des Entwicklers. Hier erhebt sich die Forderung nach einer Verbesserung der Hilfsmittel, einer am Problem orientierten übergeordneten Beschreibungsform.

<u>Bild 1.1:</u> Pilotanlage eines flexiblen Fertigungssystems

Ziel dieser Arbeit ist es, ausgehend von den Anforderungen
an die Informationsverarbeitung in flexiblen Fertigungssystemen und anhand der Erfahrungen beim Entwurf, Aufbau und Test
des Steuerungssystems einer Pilotanlage / 3 / (Bild 1.1) eine
solche übergeordnete Beschreibungsform vorzuschlagen und Hinweise zum Entwurf von Steuerungssystemen zu geben. Im Vordergrund stehen dabei die prozeßnahen Steuerungsfunktionen, unter
denen jene verstanden werden sollen, die unmittelbar mit den
Systemkomponenten zusammenwirken.

Mit dem zunehmenden Einsatz von Mikrorechnern und speicherprogrammierbaren Steuerungen geht die Intelligenz eines Steuerungssystems immer weniger in den Hardwareaufwand ein. Damit
steigt jedoch der Aufwand zur Erstellung der nötigen Software.
Aus diesem Grund liegt auch der Schwerpunkt der zukünftigen
Entwicklungsaufgaben im Bereich der Softwareentwicklung, was
in den weiteren Ausführungen seinen entsprechenden Nieder-
schlag findet.

2 Gliederung von flexiblen Fertigungssystemen

Flexible Fertigungssysteme (FFS) sind in sich abgeschlossene
Einheiten, die abhängig von der Ausbaustufe sowohl in organisatorischer Hinsicht als auch vom Fertigungsablauf her
den herkömmlichen Maschinengruppen oder Meisterbereichen
entsprechen. Sie sind gegliedert in Arbeitsstationen und
Verkettungssysteme als maschinenbauliche Komponenten und
in ein Steuerungssystem zu deren Führung und Oberwachung
(Bild 2.1).

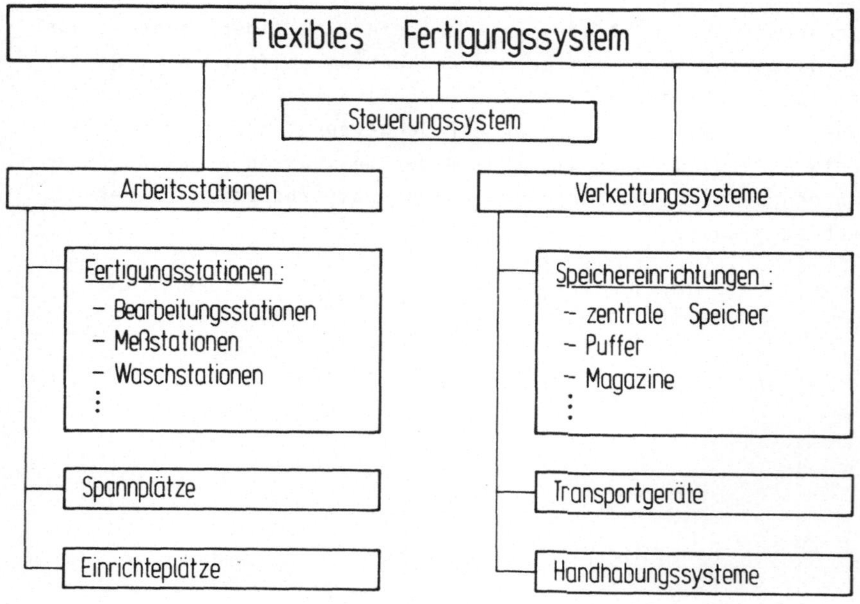

Bild 2.1: Komponenten flexibler Fertigungssysteme

2.1 Gliederung der maschinenbaulichen Komponenten

In den verschiedenen Ausbaustufen können als Arbeitsstationen
neben den eigentlichen Bearbeitungsstationen auch Stationen
zum Messen, Reinigen, Spannen etc. integriert sein. Als Ver-

kettungssysteme kommen neben den Einrichtungen zum Speichern
und Transportieren von Werkstücken auch zunehmend automatische
Werkzeugflußsysteme zum Einsatz.

Für die spätere Untersuchung der hier zu betrachtenden Steuerungsfunktionen ist nicht nur die Untergliederung in Einzelmaschinen und -geräte sondern im besonderen ihre Aufgliederung in Funktionseinheiten und Funktionsgruppen wichtig.

Funktionseinheiten (FE), nach Aufgabe oder Wirkung abgrenzbare
Gebilde / 4 /, bilden dabei die Grundelemente der Gliederung.
Wesentliches Kriterium der Gliederung ist die von anderen
Funktionseinheiten unabhängige Steuerbarkeit einer die FE
charakterisierenden physikalischen Größe wie z.B. Lage, Druck,
Geschwindigkeit usw. / 5 /.

Solche Funktionseinheiten sind an einem Bearbeitungszentrum
beispielsweise eine Vorschubachse, die Fixierung eines Werkzeugs im Werkzeugmagazin oder die Klemmung einer Palette auf
dem Maschinentisch. Die Steuerung solcher elementarer FE für
sich allein genommen ist trivial. Erst die Verknüpfung mit
anderen FE und die Koordination mehrerer FE in zusammenge-
setzten, höheren Einheiten, den Funktionsgruppen, charakte-
risieren das Wesen der Steuerungsaufgaben.

Die Definition der Funktionsgruppe (FG) ist nach / 5 / weit
weniger streng als die der FE. Sie orientiert sich an der auf
ein gemeinsames Ziel hin ausgerichteten Funktion, d.h. es besteht eine funktionale Abhängigkeit der zu einer FG zusammen-
gefaßten FE. Ein Beispiel für eine derartige FG ist die Werkzeugwechseleinrichtung bestehend aus den FE Greifer, Auszug,
Schwenkeinrichtung, Spanneinrichtung in der Hauptspindel,
Werkzeugfixierung im Magazin und der Einrichtung zum definierten Richten der Hauptspindel (Bild 2.2).

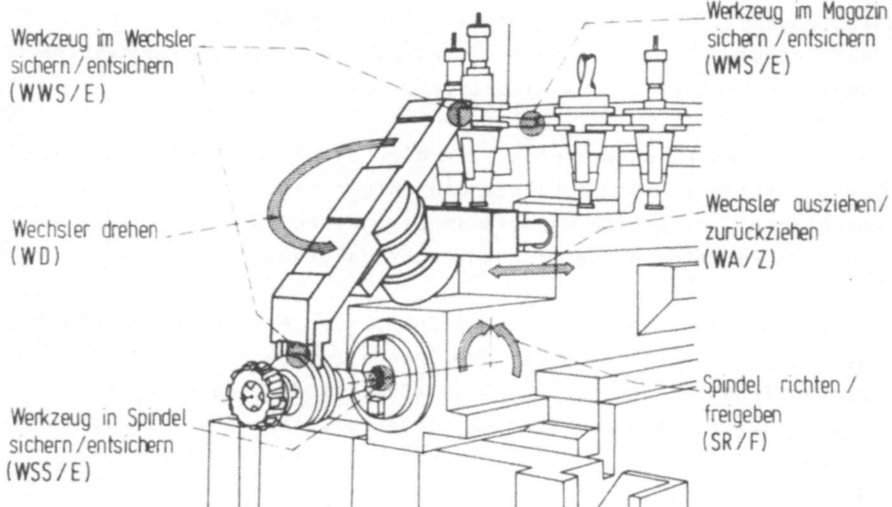

Bild 2.2: Funktionsgruppe Werkzeugwechseleinrichtung

Dabei können einzelne oder mehrere FE gleichzeitig Bestandteil verschiedener FG sein. Sie bilden somit die Schnittmenge
zweier FG (Bild 2.3).

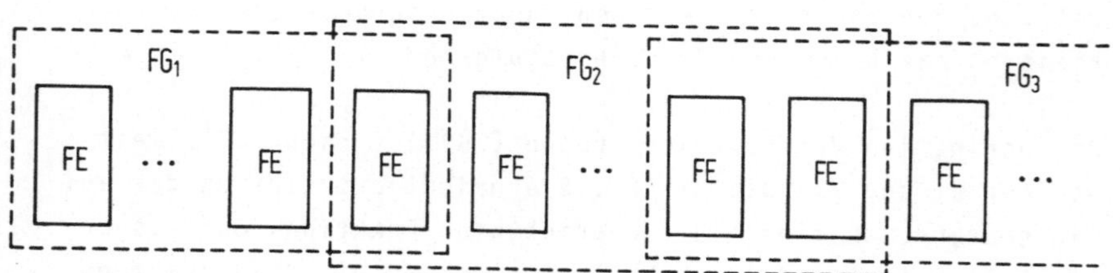

Bild 2.3: FE als Schnittmenge von FG

Denkbar sind auch Schnittmengen mehrerer FG, was jedoch allein
schon aufgrund der konstruktiven Kompliziertheit in der Praxis
sehr selten vorkommt.

Als Beispiel einer derartigen Schnittmenge zweier FG kann die
Einrichtung zum Spindelrichten bei bestimmten Bearbeitungszentren genannt werden. Hier erfolgt aus konstruktiven Gründen sowohl das Wechseln eines Werkzeugs als auch das Schalten
des Getriebes des Hauptantriebes nur in einer exakt definierten, ausgerichteten Stellung der Hauptspindel. Somit ist
diese FE gleichzeitig Element der FG Hauptantrieb und Element der FG Werkzeugwechsler. Eine natürliche Abgrenzung finden FG durch ihre Zugehörigkeit zu einzelnen Maschinen oder
Geräten.

Innerhalb eines FFS sind jedoch auch über Maschinen- und Gerätegrenzen hinausgehende funktionale Abhängigkeiten und Be-
einflussungen zwischen FG vorhanden. Solche gegenseitigen
Abhängigkeiten steigen mit zunehmendem Automatisierungsgrad / 14 /.

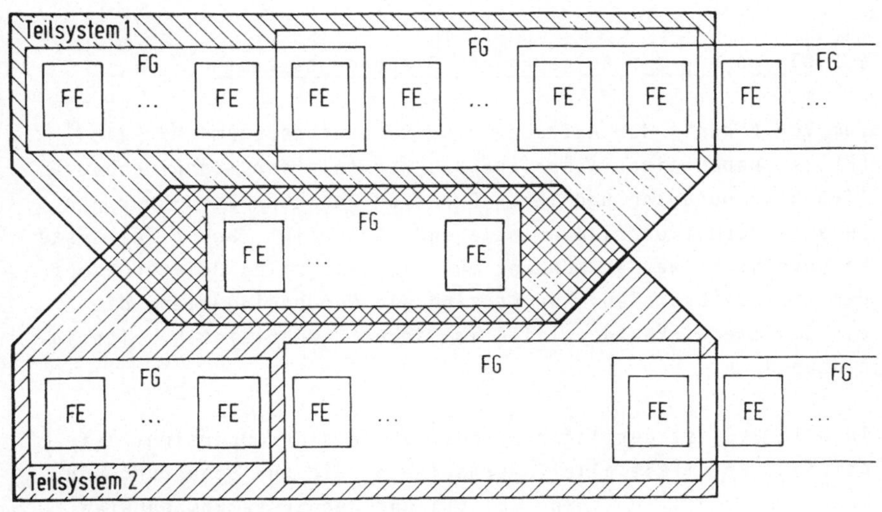

FG... Funktionsgruppe   FE... Funktionseinheit

Bild 2.4: FG als Schnittmenge von Teilsystemen

Das funktionale Zusammenwirken von FG innerhalb der Maschinen
und Gerätegrenzen oder über diese Grenzen hinweg läßt ein weiteres Zusammenfassen von FG zu einer übergeordneten Einheit zu.
Diese wird im folgenden als Teilsystem bezeichnet (Bild 2.4).
Verschiedene Teilsysteme können wiederum als Schnittmenge einzelne oder mehrere FG besitzen.

Als Beispiel für ein Teilsystem sei das Werkzeugflußsystem
genannt. Es umfaßt neben dem zentralen Werkzeugspeicher die
Werkzeugtransport- und -handhabungseinrichtungen sowie die
stationsspezifischen Werkzeugmagazine. Diese Werkzeugmagazine
sind nun ein Beispiel der Zugehörigkeit einer FG zu zwei Teilsystemen, nämlich dem Werkzeugfluß und der jeweiligen Station.

Dem Funktionsumfang der in ein flexibles Fertigungssystem integrierten Teilsysteme muß das Steuerungssystem in seinen
Funktionen entsprechen.

2.2 Gliederung der Aufgaben des Steuerungssystems

Zum Verständnis der Aufgaben des Steuerungssystems für ein
FFS ist neben einer ausreichenden Kenntnis der maschinenbau-
lichen Komponenten und ihrer Funktion der Überblick über den
Gesamtinformationsfluß grundlegend. Das heißt, bevor Teilsysteme untersucht werden können, muß ein integrales Gesamtkonzept
des Systems bestehen. Nur so sind die Randbedingungen, die
ein Zusammenwirken der Teile im Ganzen gewährleisten, richtig
einzuordnen.

In Bild 2.5 ist der Informationsfluß in einer Übersicht aufgezeigt. Er umfaßt alle Informationen, die zur Steuerung und
Überwachung des Fertigungsablaufs und der Systemkomponenten
erforderlich sind. Die technische, zeitliche und örtliche Planung der Abläufe in flexiblen Fertigungssystemen wird, wie
auch in der übrigen Fertigung, von der übergeordneten Arbeits-

vorbereitung, bestehend aus Fertigungsplanung und Fertigungs-
steuerung, durchgeführt.

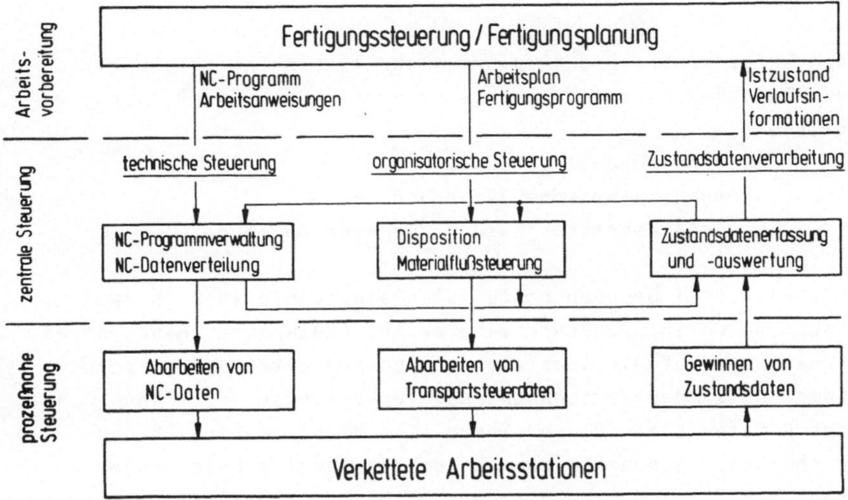

<u>Bild 2.5:</u> Informationsfluß im FFS (nach / 21 /)

Die für flexible Fertigungssysteme bereitzustellenden Daten
lassen sich in zwei charakteristische Gruppen einteilen /6,7/:

- technische Vorgaben; diese Daten umfassen alle Informationen, die für die eigentliche Bearbeitung nötig
  sind. Hierzu zählen neben den NC-Programmen, die für
  die numerische Fertigung bestimmt sind, auch Arbeitsanweisungen für manuelle Tätigkeiten in Form von Tex-
  ten, Spann- und Einrichtplänen / 8 /,
- organisatorische Vorgaben, die den zeitlichen und
  örtlichen Fertigungsablauf beschreiben, also Arbeits-
  pläne und das für eine bestimmte Planungsperiode vor-
  gesehene Fertigungsprogramm.

Der Fluß dieser Daten ist zu den Fertigungseinrichtungen hin
ausgerichtet. Entgegengesetzt fließen Zustandsdaten und Ver-
laufsinformationen an die Fertigungsvorbereitung zurück.

Solche den Istzustand des Fertigungsablaufes und der Systemkomponenten kennzeichnenden Daten dienen dort der Planung
kommender Fertigungsperioden.

Den Erfordernissen des Informationsflusses entsprechend sind
die Aufgaben eines Steuerungssystems in drei Hauptgruppen zu
gliedern:
- technische Steuerung,
- organisatorische Steuerung und
- Zustandsdatenerfassung und -verarbeitung.

Für alle drei Gruppen bietet sich eine Einteilung in zwei
Hauptebenen an. Zunächst eine erste, prozeßnahe Ebene, deren
Funktionen auf die spezifischen Gegebenheiten der einzelnen
Komponenten der Fertigungs- und Verkettungseinrichtungen zu-
geschnitten sind. Dieser Ebene wird damit im Bereich der
technischen Steuerung das Abarbeiten der bearbeitungsbezoge-
nen Vorgabedaten zugerechnet, also insbesondere die numerisch
gesteuerte Bearbeitung und die vorbereitenden und ergänzenden
manuellen Tätigkeiten. Im Bereich der organisatorischen
Steuerung fallen hierunter die Funktionsgruppen zur Lager-
organisation und zur Steuerung der verschiedenen Transporteinrichtungen.

Das Gewinnen von Kenngrößen direkt aus dem System und ihre
Umwandlung in verwertbare Zustandsdaten ist ebenfalls dieser
prozeßnahen Ebene zuzuordnen.

Die zweite, zentrale Ebene ist charakterisiert durch übergrei-
fende und koordinierende Aufgaben sowie das Speichern, Verwalten, Prüfen, Auswerten und Verteilen von Daten. Diese Aufgaben sind zentraler Natur und in ihren Einzelfunktionen weitgehend unabhängig von der gerätemäßigen Auslegung der zu
steuernden Einrichtungen.

Das Bereitstellen der Steuerdaten und ihre zeitgerechte Ver-
teilung an die Arbeitsstationen sind hier die wesentlichen

Aufgaben im Bereich der technischen Steuerung. Sie sind bekannt als DNC-Grundfunktionen / 6, 9, 10, 11 /.

Bei der organisatorischen Steuerung ist für diese Ebene neben dem rechtzeitigen Anstoß von Transportvorgängen das Umplanen durch eine interne Disposition zu nennen, welche im Falle technischer oder organisatorischer Störungen aktiv wird / 12 /. Im Bereich der Betriebsdatenerfassung erfolgt zentral das Sammeln der Daten des aktuellen Istzustandes, sowohl aus dem Prozeß als auch aus dem Steuerungssystem selbst, und eine Zuordnung und Verarbeitung hinsichtlich ihrer Verwendung sowie das Weiterleiten an die entsprechenden Stellen / 13 /.

Die Aufgaben der zentralen Ebene und ihre Verwirklichung sind in / 8 / und / 11 / ausführlich behandelt. Die o.g. prozeßnahe Ebene ist Gegenstand der weiteren Ausführungen in dieser Arbeit. Grundlegend ist dabei die Analyse der Anforderungen an die Informationsverarbeitung.

3 Anforderungen an die Informationsverarbeitung

Die verschiedenen Komponenten von FFS stellen abhängig von
der jeweiligen Aufgabenstellung charakteristische Anforderungen an die Informationsverarbeitung. Dabei ist zu unterscheiden hinsichtlich
- benötigter Datenverarbeitungsfunktionen, also Logik,
  Arithmetik, Listenverarbeitung usw.,
- zeitlicher Anforderungen, notwendiger Reaktions- und
  Verarbeitungszeiten und
- gegenseitiger Abhängigkeit und Beeinflussung der
  Funktionseinheiten und Funktionsgruppen.

Diesbezüglich werden im folgenden die numerisch gesteuerten
Arbeitsstationen, die automatisierten Verkettungssysteme und
die Schnittstellen zum Bedienungspersonal betrachtet.

3.1 Numerisch gesteuerte Arbeitsstationen

Stellvertretend für alle numerisch gesteuerten Arbeitsstationen können die numerisch gesteuerten Werkzeugmaschinen stehen.
Die Verarbeitung der Steuerdaten ist hier nach Bild 3.1 gegliedert / 15, 16 /.

Die Steuerdaten in Form von NC-Programmen nach DIN 66 025
/ 17 / werden in FFS in der Regel über eine Rechnerschnitt-
stelle bereitgestellt. Sie werden decodiert und abgespeichert.
Die weitere Verarbeitung geschieht - funktional und geräteunab-
hängig betrachtet - in getrennten Zweigen, die spezifisch auf
die Verarbeitung geometrischer bzw. technologischer Daten zu-
geschnitten sind.

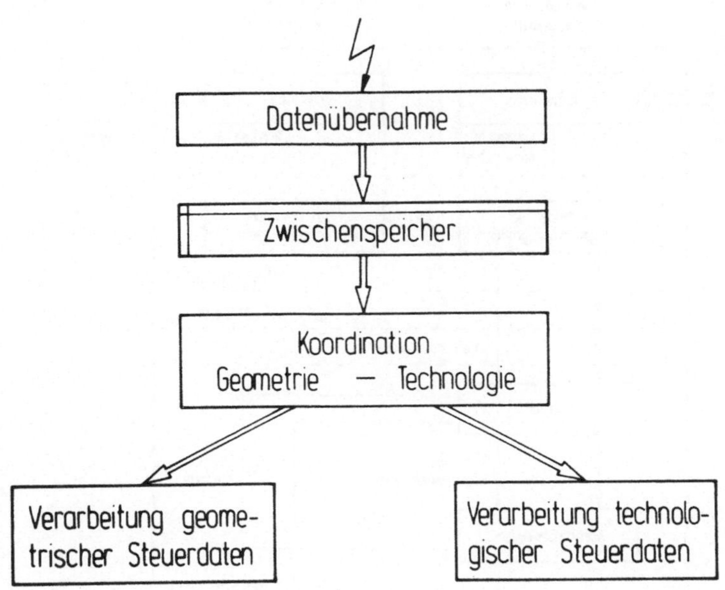

Bild 3.1: Gliederung der Steuerdatenverarbeitung

3.1.1 Verarbeitung geometrischer Information

Die Verarbeitung geometrischer Information ist nach Bild 3.2
untergliedert in zwei Ebenen, der Lagesollwertbildung für die
Vorschubeinheiten der Werkzeugmaschine und der Lageeinstellung
an diesen Vorschubeinheiten / 18 /.

Als Teilfunktionen umfaßt die Lagesollwertbildung Korrekturrechnungen und nachgeschaltet die Bildung der eigentlichen
Lageführungsgrößen. Die Korrekturrechnungen dienen zur Null-
punktverschiebung, zur Kompensation von Maßabweichungen von
Werkzeuglängen oder -durchmessern, zum Ausgleich von Schlitten-
spiel oder von Spindelsteigungsfehlern und ähnlichem. Die
eigentliche Kernfunktion für die Erzeugung einer Relativ-
bewegung zwischen Werkzeug und Werkstück ist das Berechnen
der Lageführungsgrößen.

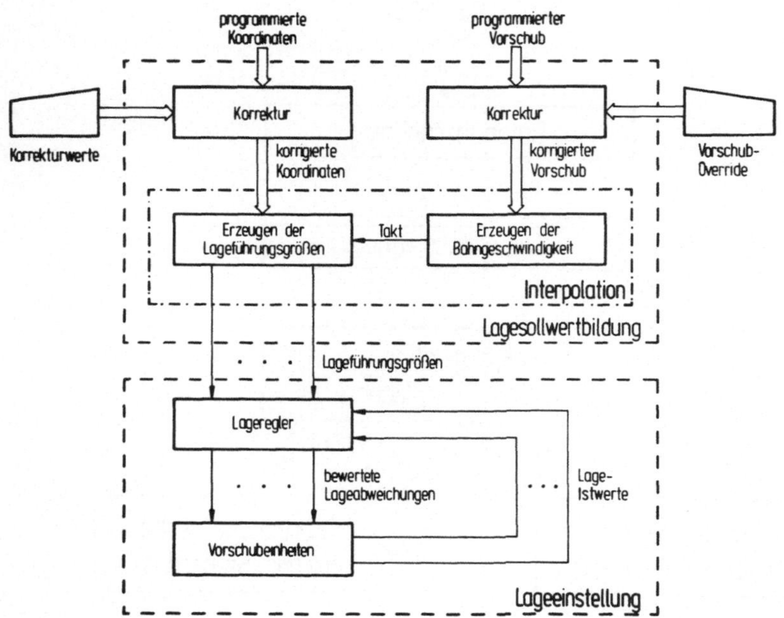

Bild 3.2: Verarbeitung geometrischer Information

Zwischen den im NC-Programm niedergelegten Stützpunkten sind
dabei nach bestimmten Rechenregeln Zwischenpunkte zu berechnen. Dies wird allgemein als Interpolation bezeichnet. Der
Aufruf der geforderten Rechenregel erfolgt im NC-Programm
über die sogenannte Wegbedingung / 17 /. Lineare und zirkulare Interpolation gehören in der NC-Technik heute zum Standard. Interpolation höherer Ordnung ist insbesondere in flexiblen Fertigungssystemen ohne Bedeutung.

Der zwischen zwei aufeinanderfolgenden Lagesollwerten zu-
rückzulegende Weg und die zeitliche Abfolge ihrer Ausgabe an
die Einrichtungen zur Lageeinstellung bestimmen die Vorschubgeschwindigkeit. Daher kann das Erzeugen von Lageführungsgrößen und Vorschubgeschwindigkeit nicht getrennt voneinander
gesehen werden. Im Schrifttum über numerische Steuerungen
wird beides zusammen üblicherweise unter dem Begriff "Interpolation" zusammengefaßt / 15, 16, 18 /.

Funktional gesehen sind damit die Vorschubwerte den Geometrie-
daten zuzurechnen, obwohl sie ursprünglich der "Technologie"
der Bearbeitung zugehören.

Beim Erzeugen der Lageführungsgrößen sind zudem für das Anfahren und Bremsen definierte, vorgegebene Beschleunigungs-
werte einzuhalten. Der Grund liegt einmal in der verminderten
Beanspruchung der Antriebe und Übertragungsglieder der Vorschubeinheiten und zum anderen in der Möglichkeit, dadurch
die erzielbare Bahntreue zu erhöhen / 19 /.

Die Lageeinstellung erfolgt beim Einsatz von stetigen Antrie-
ben durch Regeln. Dazu ist die Rückführung der Istwerte von
speziellen Lagemeßsystemen erforderlich. Beim Einsatz von
Schrittmotoren kann der Lageregler (vgl. Bild 3.2) entfallen,
die Lageeinstellung geschieht rein durch Steuern.

Die aufgezeigte Verarbeitung geometrischer Information wird
in neueren Steuerungssystemen zunehmend von Mikrorechnern oder
Mehrprozessorsystemen übernommen. Deren serielle Arbeitsweise führt zu Abtastsystemen. Die Anforderungen bezüglich
der Abtastfrequenz sind abhängig von der Dynamik der Vorschubeinheiten. Als Bezugsgröße gilt dabei die Kennkreisfrequenz ω_{0A}
des Antriebs. Nach den Untersuchungen in / 18 / ist die Abtastfrequenz f_a der Lageführungsgrößenerzeugung

$$f_a > 0{,}6\ \omega_{0A}$$

zu wählen. Für die Lageregelung ist nach diesen Untersuchungen
je nach eingesetztem Antrieb die Bedingung

$$f_a > (0{,}8...1)\ \omega_{0A}$$

zu erfüllen. Somit sind für Vorschubantriebe mit stetigen
Gleichstromantrieben Abtastfrequenzen von (80...200) Hz erforderlich. Das heißt, anders ausgedrückt, die nötigen Rechen-
vorgänge in den jeweiligen Prozessoren müssen in (5...12,5) ms
abgeschlossen sein.

Kennzeichnend für die gegebene Aufgabenstellung ist das Verarbeiten digitaler Information nach arithmetischen Funktionen. Es werden außer den vier Grundrechenarten auch trigonometrische Funktionen benötigt. Letztere werden üblicherweise auf Reihenentwicklungen und damit wieder auf die Grundrechenarten zurückgeführt oder aber in Tabellen abgelegt.

Detailliert wird die Problematik der Verarbeitung geometrischer Information in / 18 / behandelt. Dort ist u.a. auch eine Lösungsmöglichkeit für mehrere Maschinen aufgezeigt, wie sie bei der Pilotanlage realisiert ist.

3.1.2 Verarbeitung technologischer Information

Während die geometrischen Vorgabedaten ausschließlich die Vorschubeinheiten beeinflussen, sind die technologischen Vorgabedaten für alle übrigen Funktionseinheiten (FE) und Funktionsgruppen (FG) der Werkzeugmaschine bestimmt. Die darin enthaltenen Informationen umfassen Ein-/ Ausschaltbefehle, welche direkt einzelne FE ansprechen und dort im Verhältnis 1:1 in Schaltvorgänge umgesetzt werden, und Befehle für FG, die ihrerseits Folgen von Funktionsbefehlen auslösen.

Eine durch einen Ein-/ Ausschaltbefehl angesprochene FE nimmt nach Ausführung des Befehls den jeweils zum Ausgangszustand komplementären Zustand ein und kann nur durch den Gegenbefehl in den ursprünglichen Zustand zurückgeführt werden. Der jeweilige Zustand ist an der FE durch Geber direkt erfaßbar.

Folgen sind anhand des jeweiligen Zieles zu gliedern in offene und geschlossene Folgen. Entsprechend der Ausführung eines Ein-/ Ausschaltbefehls für eine FE dient die offene Folge innerhalb einer FG dazu, einen bestimmten Betriebszustand der Maschine zu erreichen. Dabei ist der Zustand nach Ausführung des Befehls vom Ausgangszustand verschieden. Demgegenüber sind geschlossene Folgen, auch Zyklen genannt, dadurch ausgezeichnet, daß sich die angesprochene FG nach Zyklusende wieder im gleichen Zustand befindet wie zu Anfang. Das Ziel des Zyklusbefehls liegt nicht im veränderten Betriebszustand, sondern im Durchlaufen der Folge selbst. Da der Ausgangs- oder Ruhezustand identisch mit dem Endzustand ist, kann das erzielte Ergebnis i.a. nicht als Zustand erfaßt werden, sondern ist nur aus der Vorgeschichte ableitbar. Es muß daher durch Hilfseinrichtungen wie Merker, Zähler oder Listenführung registriert werden.

Eine offene Folge bildet zum Beispiel das Schalten eines Getriebes über Zwischenstufen. Der Ablauf eines Werkzeugwechsels (vgl. auch Bild 2.2) stellt dagegen eine geschlossene Folge dar.

Um Fehlschaltungen zu eliminieren, die eine Gefährdung oder Beschädigung von Maschinenelementen oder Schaltgeräten hervorrufen könnten, muß eine Verriegelung unzulässiger Kombinationen von Schaltfunktionen erfolgen. Da solche unzulässigen Zustände sowohl durch fehlerhafte Bedienung als auch durch Störungen im Laufe der Informationsverarbeitung ausgelöst werden können, muß die Verriegelung auf möglichst tiefer Ebene geschehen.

In diese Verriegelungen sind auch die Vorschubeinheiten mit einzubeziehen. Wichtigste Funktion ist dabei das Begrenzen des Verfahrbereichs. Eine übliche Lösung hierfür ist das Anbringen von Endbegrenzungsnocken, bei deren Überfahren der Lageregelkreis (vgl. Bild 3.2) geöffnet wird und die betreffenden Vorschubeinheiten auf dem kürzest möglichen Weg zum Stillstand gebracht werden.

Besondere Beachtung ist der Sicherung des Menschen zu widmen. Diesbezügliche Sicherungseinrichtungen müssen auch bei gestörtem Steuerungssystem intakt bleiben. Dies bedeutet, daß sie nicht Bestandteil des Steuerungssystems sein dürfen, sondern direkt und unmittelbar in den Energiefluß eingreifen.

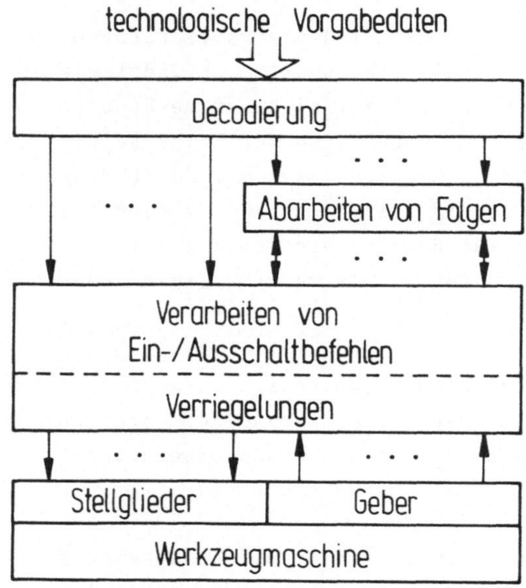

Bild 3.3: Verarbeitung technologischer Information

Insgesamt ist die Verarbeitung technologischer Information
gekennzeichnet durch Logikfunktionen. Nur auf der Ebene der
Decodierung wird für die Bearbeitung bestimmter Vorgaben
Arithmetik erforderlich. So z.B. bei der Umrechnung von Spin-
deldrehzahlen in Getriebestufen und Drehzahlen des Hauptan-
triebs. Dementsprechend tritt das Verarbeiten digitaler Information (Wortverarbeitung) gegenüber der Verarbeitung bi-
närer Information (Bitverarbeitung) in den Hintergrund.

Die zeitlichen Anforderungen im Bereich der Verarbeitung
technologischer Information sind abgesehen von einigen weni-
gen Ausnahmen unkritisch. Quantitative Aussagen lassen sich
hier auf der Ebene der Verriegelungen (vgl. Bild 3.3) machen.
In / 20 / sind als Richtwert für Reaktionszeiten die Anstiegs-
bzw. Abfallzeiten von Schaltschützen angegeben, also rund
(10...20) ms. Andererseits sind die notwendigen Reaktionszeiten eng mit konstruktiven Gegebenheiten gekoppelt. Ein Beispiel hierfür sei ein Nocken, der mit einer Geschwindigkeit

von 60 m/min überfahren wird. Bei einer aktiven Länge des
Gebers von 5 mm steht das Signal nur während 5 ms an und
muß innerhalb dieser Zeitspanne sicher erfaßt werden. Derartige Randbedingungen sind im konkreten Fall jeweils gesondert zu prüfen.

Weitere zeitliche Bedingungen können aus der Koordination
geometrischer und technologischer Informationsverarbeitung
resultieren.

3.1.3 Koordination geometrischer und technologischer Informationsverarbeitung

Grundlage für die Koordinierung geometrischer und technologischer Funktionen ist die Festlegung nach DIN 66 025 / 17 /,
wo unterschieden wird zwischen Technologiefunktionen, die
vor Beginn einer Bewegung in den Vorschubachsen abgeschlossen
sein müssen, und solchen, die erst nach Beendigung einer Achs-
bewegung eingeleitet werden dürfen. Da die Anordnung der Daten
im NC-Satz nach / 17 / keinen Hinweis auf die zeitliche Abfolge zuläßt, muß die Technologieinformation zu diesem Zweck
auf der Koordinationsebene (vgl. Bild 3.1) vordecodiert werden. Entsprechend der so ermittelten Reihenfolge werden die
Daten an die zuständigen Zweige zur Weiterverarbeitung übergeben. Eine weitere Verarbeitung von Daten wird so lange ge-
sperrt, bis die jeweils vorangegangene quittiert ist (Bild
3.4).

Besondere zeitliche Anforderungen sind nur dort gegeben, wo
in bestimmten Bereichen Geometrie und Technologie synchronisiert werden müssen, wie dies zum Beispiel beim Gewinden der
Fall ist. Wird mit Gewindeschneidwerkzeugen in Ausgleichs-
futtern gearbeitet, kann auf eine starre Kopplung zwischen
Spindeldrehzahl und Vorschubgeschwindigkeit verzichtet werden. Sie sind nur in einer duch den Ausgleichsweg des Futters
vorgegebenen Toleranz aufeinander abzustimmen.

Auszug aus NC-Programm:

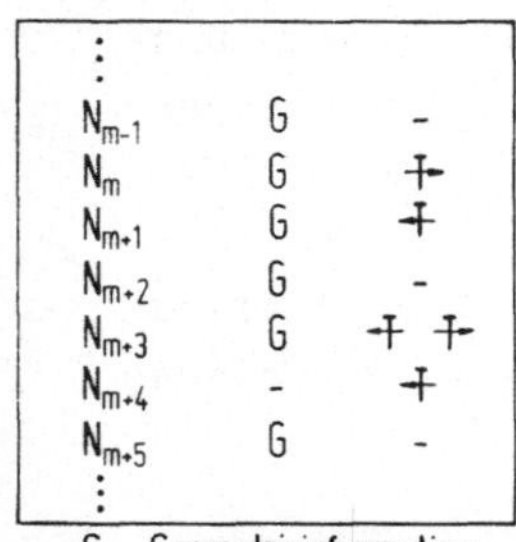

Abarbeitung der Steuerdaten:

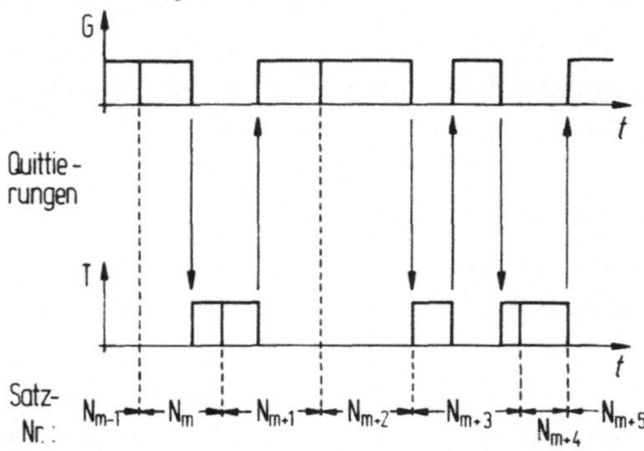

Bild 3.4: Koordination geometrischer und technologischer
Informationsverarbeitung (nach / 7 /)

Erfordert ein starr zu führendes Schneidwerkzeug, z.B. beim
Gewindestrehlen, eine exakte Synchronisation von Spindeldrehzahl und Vorschubbewegung, so geschieht dies durch ein Ableiten des Interpolationstaktes (vgl. Bild 3.2) von der Dreh-
bewegung der Hauptspindel über einen geeigneten Geber.

Eine weitergehende Koordination von Funktionen wird durch die
Verkettung der Einzelmaschinen in einem gemeinsamen Materialfluß notwendig. Darauf soll in den folgenden Abschnitten ein-
gegangen werden.

3.2   Verkettungssysteme

3.2.1 Grundsätzliche Lösungen und Steuerungsaufgaben

Den Grundstock der Verkettung in flexiblen Fertigunssystemen
bildet der automatisierte Werkstückfluß. Mit steigender Zahl
unterschiedlicher Werkstücke mit variantenreichen Arbeitsab-

läufen ergibt sich die Forderung, auch den Werkzeugfluß zu
automatisieren. Beide Systeme haben gleichartige Aufgaben zu
bewältigen:
- Puffern, Magazinieren,
- Speichern,
- Transportieren,
- Übergeben, Übernehmen.

Die Realisierung dieser Aufgaben kann nach den in Bild 3.5
aufgegliederten Organisationsprinzipien geschehen / 12, 21 /.

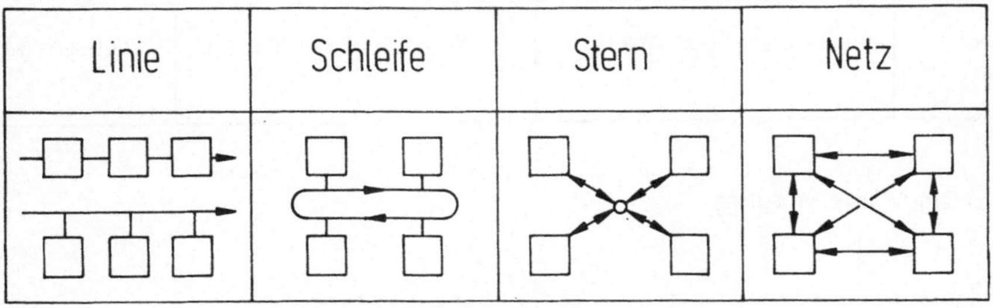

Linie	Schleife	Stern	Netz

Bild 3.5: Verkettungsstrukturen

Verschiedene Möglichkeiten der gerätemäßigen Verwirklichung
sind in Bild 3.6 aufgeführt. Abhängig von der Wahl des Orga-
nisationsprinzips und des Speichersystems erwachsen daraus
für die Steuerung unterschiedliche Anforderungen.

Von der Transferstraße her kennt man linienförmige Systeme.
Die einzelnen Arbeitsstationen liegen innerhalb der Linie. Es
erfolgt daher ein Zwangsdurchlauf der Werkstücke durch alle
Stationen. Eine derartige Auslegung ist praktisch für FFS ohne
Bedeutung. Liegen jedoch die Stationen außerhalb der Linie, werden also nur über Abzweige (Weichen) erreicht, läßt sich eine
variable Stationsfolge erzielen. Ein nächster Schritt sind
die schleifenförmigen Systeme. Durch die Möglichkeit, die
Schleife mehrfach zu durchlaufen, können beliebige Stations-
folgen realisiert werden.

	Rollenbahn/ Schleppkette	Hängebahn	Wagen	Regalbediengerät	Kran
Verkettungs- struktur	Linie / Schleife	(Schleife)/ Stern / Netz	(Schleife)/ Stern / Netz	Stern / Netz	Stern / Netz
Speicher- system	integriert eindimensional	integriert/getrennt eindimensional	getrennt, ein-/zweidim.	getrennt, zweidimensional	getrennt, zwei-/dreidim.
Steuerungs- prinzip	Zwangslauf/ Suchlauf	Suchlauf/ Zielsteuerung	Zielsteuerung	Zielsteuerung	Zielsteuerung
Wegvor- gabe	starr/Weichen	starr/Weichen	starr/Weichen	Punktsteuerung	Punktsteuerung

( )... untergeordnete Bedeutung

Bild 3.6: Realisierung von Verkettungssystemen

Die Steuerung solcher Systeme erfolgt gewöhnlich nach dem sogenannten Suchlaufprinzip. Das Transportgut trägt dabei eine
Kennung, die vor jeder Abzweigmöglichkeit zu den Stationen
gelesen wird. Erkennt eine Station ihre Zuständigkeit, wird
die entsprechende Weiche betätigt und somit die Station be-
dient. Diese Entscheidung geschieht dezentral und bedarf kei-
ner Koordination mit dem übrigen System. Damit kann jedoch
auch nach dem Einschleusen des Transportgutes keine direkte
Beeinflussung im Ablauf mehr erfolgen.

Eine derartige Beeinflussung ist nur über eine zentrale Len-
kung nach dem Zielsteuerungsprinzip möglich. Die Zielsteuerung
ist bei schleifen-, stern- und netzförmigen Flußprinzipien
zu verwirklichen. Durch die Notwendigkeit der Koordination von
allen am Prozeß beteiligten Komponenten muß hier eine zweite,
übergeordnete Steuerungsebene eingeführt werden.

Die dezentrale, einstufige Steuerung nach dem Suchlaufprinzip
stellt durch ihre geringe logische Tiefe keine besonderen
Anforderungen an die Informationsverarbeitung. Sie soll des-
halb hier nicht mehr weiter betrachtet werden.

Unabhängig von der Herkunft der Vorgabedaten für die Zielsteuerung von Verkettungseinrichtungen für Werkstück- und
Werkzeugfluß, ob durch übergeordnete Steuerungsbausteine oder
durch manuelle Eingaben, entsprechen sich die im Bereich der
prozeßnahen Steuerung zu erfüllenden Funktionen.

In Bild 3.7 sind die im prozeßnahen Bereich erforderlichen
Funktionsbausteine dargetellt.

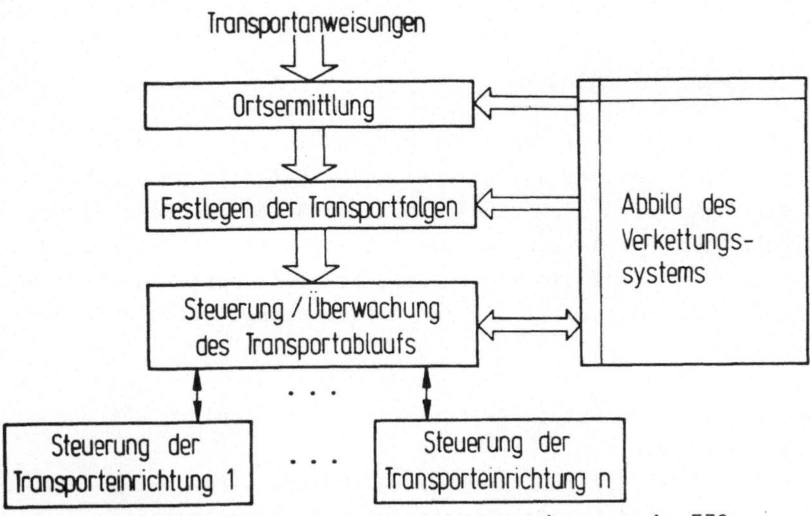

Bild 3.7: Verarbeitung von Transportanweisungen in FFS
          (Zielsteuerung)

Die Vorgaben in Form von Transportanweisungen müssen eine
vollständige Identifikation des Transportgutes enthalten und
den Zielort eindeutig bestimmen. Weitere Information wie z.B.
Herkunftsort oder Transportrichtung sind dann redundant, bieten dadurch aber die Möglichkeit zusätzlicher Überwachungs-
funktionen und damit größere Sicherheit.

Im Gegensatz zu den Vorgaben für die numerisch gesteuerten
Werkzeugmaschinen, den NC-Programmen, die sich zumindest über
eine laufende Planungsperiode (Schicht, Tag) hinweg nicht
ändern, werden die Transportanweisungen abhängig vom laufen-
den Prozeßgeschehen generiert. Vorausschauende Ablaufplanung
und Einlagerungsstrategien sind daher nur beschränkt möglich.
Derartige Strategien sind außerdem stark von der konstruktiven Auslegung abhängig und im konkreten Fall gesondert zu betrachten, gegebenenfalls unter Zuhilfenahme von Simulations-
methoden / 22 /.

Die spezifischen Anforderungen für Werkstück- und Werkzeugfluß sollen im folgenden getrennt dargestellt werden.

3.2.2 Werkstückfluß

Bei FFS für prismatische Teile werden bislang die Werkstücke zum Transport üblicherweise auf Paletten gespannt.
In der Regel wird diese Aufspannung auch bei der Bearbeitung
beibehalten. Das Aufspannen muß mit der entsprechenden Sorg-
falt geschehen, da die erreichbare Bearbeitungsgenauigkeit unter anderem unmittelbar mit der Aufspanngenauigkeit zusammen-
hängt.

Die Zuordnung Werkstück-Palette kann am Spannplatz auf zwei
Arten erfolgen:
  -bei einstellbarer Codierungsmöglichkeit wird der Palette
   die Kennung des aufgespannten Werkstücks mitgegeben,
  -im Falle einer festen Palettencodierung muß dem Steuerungssystem die Zuordnung mitgeteilt werden. Über eine system-
   interne Buchführung kann dann das einzelne Werkstück indi-
   rekt über die Palettennummer angesprochen werden.

Vom Spannplatz gelangen die Werkstücke in einen zentralen
Werkstückspeicher, von welchem sie auf die einzelnen Stationen
verteilt werden können.

Die eigentliche Fertigung kann einstufig oder mehrstufig erfolgen. Im ersten Fall kommen nur Transporte vom Speicher auf die jeweilige Station und zurück vor. Bei mehrstufiger Fertigung ist auch die Transportmöglichkeit von Werkstücken zwischen den einzelnen Stationen vorzusehen.

Transportanweisungen beim Werkstückfluß leiten sich ursprünglich aus den organisatorischen Steuerdaten (vgl. Bild 2.1) ab. Ausnahmen sind durch Zusatzfunktionen, die dem Werkstücktransport übertragen werden, möglich. Eine solche Zusatzfunktion kann z.B. das Ändern der Orientierung der Palette und damit des Werkstücks mit Hilfe einer Dreheinrichtung sein. Hier wird eine Verknüpfung mit der technischen Steuerdatenabarbeitung nötig, da die Drehinformation aus den technischen Steuerdaten stammt.

Eine weitere Verknüpfung des technischen und organisatorischen Informationsflusses geschieht beim Übergeben der Paletten vom Transportsystem in die Stationen. Bei feststehenden Arbeitstischen kann eine einfache mechanische oder elektrische Verriegelung genügen. Dies bedeutet eine Koordination auf unterster Ebene der technologischen Steuerdatenabarbeitung (vgl. Bild 3.3). Muß jedoch zum Zweck der Übergabe der Arbeitstisch in einer oder mehreren geometrischen Achsen positioniert werden, erfordert dies eine Koordination auf höherer Ebene. Konkret müssen hier bestimmte NC-Programmsätze generiert oder abgerufen werden, angestoßen von der Steuerung des Materialflusses.

Neben den aus der Art der Verkettungsstruktur und dem gewählten Steuerungsprinzip herrührenden Einflüssen auf die Informationsverarbeitung für den Werkstückfluß sind weitere von der Auslegung des FFS abhängige Parameter zu berücksichtigen. Die wichtigsten sind dabei die Anzahl der Speicher-, Puffer- und Arbeitsplätze und die damit in direktem Zusammenhang stehende maximale mögliche Zahl von Paletten. Dies schlägt sich im Verarbeitungsumfang der zugehörigen Buchführung des

Werkstückflußabbildes nieder, ebenso wie die Anzahl verschiedener am Transport beteiligter Einrichtungen, sowie die Zahl möglicher parallel auszuführender Transportvorgänge. Dagegen sind die Transportfrequenzen, wie auch die Transport- und Übergabezeiten unproblematisch, da sie in keinem kritischen Verhältnis zu Reaktions- und Verarbeitungszeiten steuerungstechnischer Einrichtungen stehen.

systembezogen	bearbeitungsbezogen
Art und Größe der Speicher, Puffer bzw. Magazine	Anzahl unterschiedlicher Teile
Verkettungsprinzip	Losgrößen
Anzahl der Transportgeräte	Anzahl der Fertigungsstufen je Teil
Codierungsart/Zusatzinformation	Bearbeitungsdauern
mögliche Parallelabläufe	Anzahl der Werkzeuge je NC-Programm
	Standzeitwerte

Bild 3.8: Einflußgrößen auf die Informationsverarbeitung für Werkstück- bzw. Werkzeugfluß

Lediglich auf der Ebene der Steuerung der einzelnen Transporteinrichtungen muß wieder entsprechend der Abarbeitung geometrischer und technologischer Information bei Werkzeugmaschinen (vgl. 3.1.1 und 3.1.2) auf die spezifischen Anforderungen der konstruktiven Auslegung geachtet werden.

Dies gilt im übrigen auch entsprechend für die gerätespezifische Steuerungsebene des Werkzeugflusses.

3.2.3 Werkzeugfluß

In der ersten Generation von FFS besaßen die integrierten

Werkzeugmaschinen spezifische, mit einem festen Werkzeug-
satz versehene Werkzeugmagazine. Dies schränkte die Zahl der
unterschiedlichen Werkstücke, die ohne Umrüsten gefertigt werden konnten, sehr stark ein. Häufiges manuelles Umrüsten, her-
vorgerufen vor allem auch durch verschleißbedingten Werkzeugtausch, unterbrach den automatischen Ablauf.

Ein automatisierter Werkzeugfluß, bei dem mehrere oder alle
Maschinen Zugriff auf einen zentralen Werkzeugspeicher erhalten, beseitigt diese Nachteile. Außerdem werden für die Ma-
schinenbelegungsplanung und auch für eine Umdisposition im
Störungsfalle neue Freiheitsgrade geschaffen.

Während Werkstückwechseleinrichtungen an Werkzeugmaschinen,
die zum Einsatz in FFS vorgesehen sind, bereits auf ihre Ver-
kettbarkeit hin ausgelegt werden, fehlt der Systemgedanke
bei der Konzeption von Werkzeugmagazinen und Werkzeugwechsel-
einrichtungen noch weitestgehend. Diese sind in ihrer konstruktiven Gestaltung und in ihrem Funktionsablauf einseitig
auf kurze Werkzeugwechsel optimiert, ohne übergeordnete Gesichtspunkte zu berücksichtigen. In der Mehrzahl der Fälle
sind die Werkzeugmagazine als Umlaufspeicher realisiert, die
keine gleichzeitigen Zugriffe zum Werkzeugwechsel (Magazin/
Arbeitsspindel) und Werkzeugtausch (zentraler Speicher/sta-
tionsspezifisches Magazin) zulassen. Erschwerend kommt hinzu,
daß das Magazin häufig einer oder mehreren Maschinenachsen
in ihren Bewegungen folgt.

Dies schlägt sich in einem erhöhten Aufwand für die Über-
gabeeinrichtungen und die Steuerungsfunktionen der an der
Übergabe beteiligten Funktionsgruppen nieder, ganz besonders,
wenn solche Tauschvorgänge während der Hauptzeit der Werkzeugmaschine durchgeführt werden sollen.

Eine weitere Forderung bei der Einführung eines automatischen
Werkzeugflusses mit zentralem Speicher ist die Anwendung
einer flexiblen Werkzeugplatzcodierung / 20 /. Aufgrund sehr

einfacher steuerungstechnischer Lösungen ist bei den maschi-
nenspezifischen Magazinen reine Werkzeugcodierung oder feste
Platzcodierung üblich. Der Vorteil der Werkzeugcodierung liegt
in der Sicherheit gegen Vertauschen, der Nachteil ist hier,
daß kein gezieltes Suchen möglich ist; der Umlaufspeicher
wird einfach so lange in einer Richtung gedreht, bis an der
Lesestation die gewünschte Codierung erkannt wird. Dagegen
läßt die Platzcodierung, wo für jedes Werkzeug ein fester
Platz reserviert bleibt, ein gezieltes Suchen zu, indem die
günstigste Drehrichtung des Umlaufspeichers bestimmt wird;
im Mittel ist dadurch die Suchzeit halb so lang wie bei Werkzeugcodierung.

Durch eine Buchführung der Platzzuordnung können bei der flexiblen Werkzeugplatzcodierung die Vorteile beider Codierungs-
arten kombiniert werden. Gerade bei einem sehr umfangreichen
zentralen Speicher ist eine möglichst kurze Zugriffszeit
eine Hauptforderung, ebenso wie die Sicherheit gegen Vertauschen.

Bei dieser Buchführung ist es sinnvoll, neben der eigentlichen
Werkzeugnummer (Identnummer) und ihrer Platzzuordnung im
Rahmen des Werkzeugflußabbildes (vgl. Bild 3.7) auch eine
Zählnummer zur Unterscheidung mehrfach vorhandener gleicher
Werkzeuge, aktuelle Korrekturwerte zur Radius- und Längenkor-
rektur, sowie die jeweils noch verfügbare Reststandzeit mit-
zuführen. Die Zählnummer ist notwendig, um innerhalb des Werkzeugflusses auch unter den mehrfach vorhandenen Werkzeugen
ein bestimmtes, z.B. wegen eines Defektes auszuschleusendes,
ansprechen zu können. Das Führen der Reststandzeit erlaubt
das vorbeugende Außerbetriebnehmen von Werkzeugen nach Ablauf
einer vorgegebenen Einsatzdauer (Standzeit).

Die Zuordnung Werkzeugnummer-Zählnummer-Korrekturwerte-Stand-
zeit geschieht am Einrichtplatz, wo die Werkzeuge nach Ein-
richtanweisungen auf Haltern montiert und maßgenau, in Rela-
tion zu den geforderten Bearbeitungstoleranzen, eingerichtet

und die zugehörigen Codierungen angebracht werden. Korrekturwerte sind allerdings nur dann erforderlich, wenn durch Nach-
schärfen nicht nachstellbare Durchmesser- oder Längenänderun-
gen entstanden sind.

Anschließend erfolgt das Einschleusen der Werkzeuge ins System, wobei die erstmalige Platzzuordnung für das Werkzeug-
flußabbild getroffen wird.

Die weiteren Anforderungen an die Informationsverarbeitung
ergeben sich entsprechend dem beim Werkstückfluß Gesagten mit
dem Unterschied des Ursprungs der Vorgabedaten.

Während die Vorgabedaten des Werkstückflusses sich in der
Regel aus den organisatorischen Steuerdaten ableiten, müssen zum Generieren der Vorgaben für den Werkzeugfluß sowohl
technische als auch organisatorische Steuerdaten herangezogen
werden. Die Werkzeugfolgen innerhalb der Abarbeitung eines
NC-Programms sind direkt aus dem NC-Programm selbst zu ermit-
teln. Über diese Grenzen hinweg muß zusätzlich der Maschinen-
belegungsplan herangezogen werden. Zur Entscheidung, welches
Werkzeug aus gleichen, mehrfach vorhandenen für eine bestimmte
Bearbeitung ausgewählt werden kann sowie zur Festlegung des
Ausschleuszeitpunktes von Werkzeugen mit abgelaufener Standzeit, ist außerdem die Kenntnis der jeweiligen Werkzeugeinsatzdauern und der aktuellen Reststandzeiten nötig (Bild 3.9).

Auch für den Einsatz bestimmter Einlagerungsstrategien mit
dem Ziel, die Transportwege zu minimieren, ist die Ermittlung
der maschinenbezogenen Werkzeugfolgen grundlegend.

Die genannten Werkzeugeinsatzdauern können theoretisch im
Steuerungssystem aus den aktuellen NC-Programmen gewonnen
werden. Einfacher wären sie jedoch bei der NC-Programmerstel-
lung während des Postprozessorlaufes zu generieren und entsprechend den NC-Programmen oder sogar als in die NC-Programme integrierte Daten an das Steuerungssystem zu übergeben.

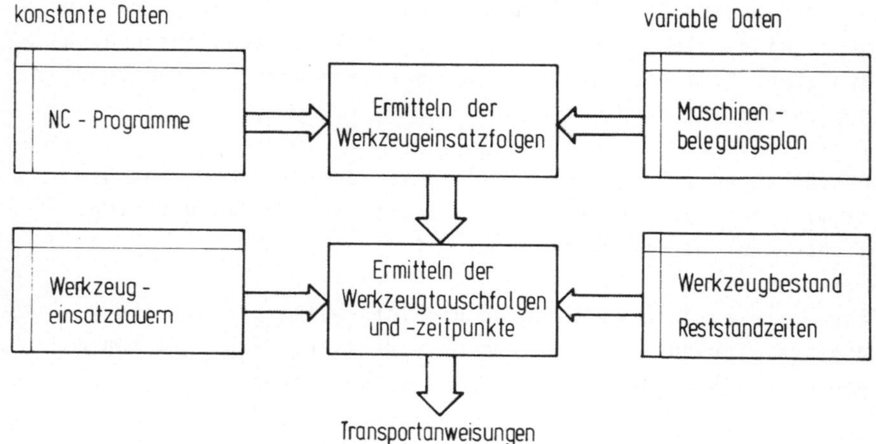

Bild 3.9: Erzeugen der Transportanweisungen für die Werkzeugflußsteuerung

3.3 Anforderungen an die NC-Programmerstellung

Aus der Integration der Werkzeugmaschinen in einen gemeinsamen Werkstück- und Werkzeugfluß erwachsen, wie bereits angedeutet, auch im Bereich der NC-Datenabarbeitung neue Aufgaben. Solche Zusatzfunktionen, die unabhängig von der eigentlichen Bearbeitungsaufgabe zu übernehmen sind, wie z.B. das Anfahren einer Sicherheits- oder Tauschposition für Werkstück- bzw. Werkzeugtausch oder das Reinigen und Orientieren des Transportguts für den bevorstehenden Transport, lassen sich auf zweierlei Arten in den Informationsfluß eingliedern:
- Aufruf über das NC-Programm
- Generieren von Zyklen im Steuerungssystem.

Im ersten Falle sind in das NC-Programm an den erforderlichen Stellen die nötigen Informationen eingefügt. Innerhalb des Steuerungssystems sind keine weiteren Entscheidungen zu tref-

fen. Die einzusetzenden Steuerungen können dann einfach strukturiert sein. Der Nachteil ist hierbei jedoch, daß solche
NC-Programme auf Einzelmaschinen, die über keine entsprechenden Zusatzeinrichtungen verfügen, nicht ohne weiteres lauf-
fähig sind.

Bei der zweiten Art sind derartige Zusatzaufgaben innerhalb
des Steuerungssystems als aufrufbare Zyklen abgelegt. Der Anstoß erfolgt intern über entsprechende Steuerungsbausteine.
Aktuelle, während des Fertigungsablaufes kurzfristig einzu-
planende Vorgänge, wie z.B. der Tausch von Werkzeugen, können
jedoch nicht an beliebiger Stelle erfolgen. Es müssen hierfür in den NC-Programmen Unterbrechungsmöglichkeiten vorgesehen werden. Solche Unterbrechungsstellen sind als sogenannte Hauptsätze, die den Anfang eines zusammenhängenden Ab-
schnittes markieren, einzuführen. Nach Definition enthalten
die besonders gekennzeichneten Hauptsätze alle für einen Wiedereinstieg in das Programm notwendigen Informationen.

Diese Unterbrechungsstellen bieten außerdem nach Störungen
günstige Möglichkeiten zum Wiedereinstieg in den Programmab-
lauf und sind damit auch als Hilfen für die Bedienung zu sehen.

3.4 Bedienung

Die in FFS für das Bedienungspersonal verbleibenden Funktionen
sind abhängig vom jeweiligen Automatisierungsgrad. Dabei gilt
es nach Bild 3.10 zu unterscheiden zwischen drei Gruppen von
Funktionen.

Neben der Systembedienung und der Überwachung des Fertigungsablaufs und des Systemzustands sind hier die aus technischen
oder wirtschaftlichen Gründen nicht automatisierten Arbeitsvorgänge zu nennen. Sie werden unter dem Begriff Handarbeits-

plätze eingeordnet. Die dritte Gruppe bilden Tätigkeiten zur
Inbetriebnahme und Instandhaltung.

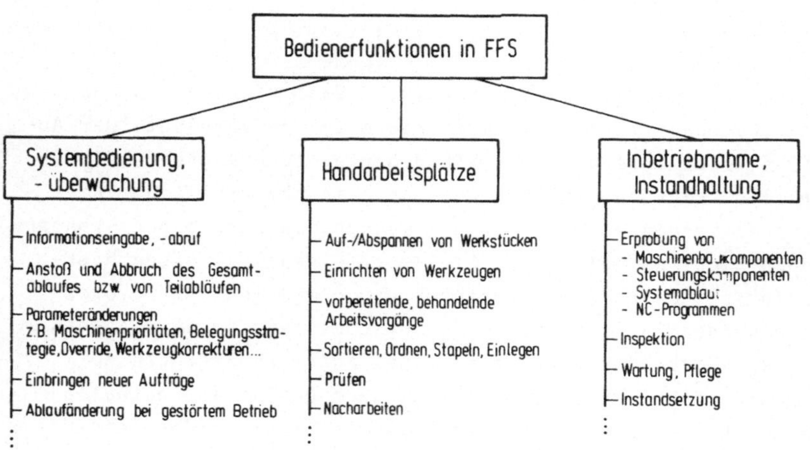

Bild 3.10: Bedienerfunktionen in FFS

Eine wesentliche Aufgabe des Steuerungssystems in diesen drei
Bereichen ist es, die für die betreffenden Tätigkeiten notwendigen Informationen in einer für den jeweiligen Zweck auf-
bereiteten Form bereitzustellen. Dabei wird unterschieden
zwischen einer Informationsbereitstellung, die automatisch
erfolgt, wie z.B. Arbeitsanweisungen und -beschreibungen für
Handarbeitsvorgänge oder Störungsanzeigen und der Informa-
tionsausgabe auf Abruf. Letzteres dient insbesondere als Ent-
scheidungshilfe für das Bedienungspersonal, wenn Eingriffe
in den Automatikablauf erforderlich werden.

Die Anforderungen, die aus den genannten Bereichen für die
prozeßnahe Steuerungsebene erwachsen, sollen im folgenden
dargestellt werden.

3.4.1 Systembedienung und -überwachung

FFS sind aufgrund der großen Anzahl und Vielfalt integrierter Teilsysteme, der komplexen Abläufe und nicht zuletzt wegen ihrer räumlichen Ausdehnung für den Bediener unübersichtlich. Wichtige Hilfestellung leistet eine zentrale Warte. Durch ein breitgefächertes Informationsangebot läßt sich zum einen der Fertigungsablauf transparent machen, zum anderen ein umfassendes Bild über den Zustand des Systems und seiner Komponenten gewinnen. Außerdem werden Bedienereingriffe möglich, ohne daß weite Wege zurückgelegt werden müssen.

Voraussetzung hierzu ist jedoch die informationstechnische Verkettung aller Teilsysteme mit dieser zentralen Warte. Außerdem resultieren daraus für die prozeßnahe Steuerungsebene zweierlei Anforderungen. Einerseits sind die entsprechenden Systemzustände zu erfassen und in geeigneter Form weiterzuleiten; auf der anderen Seite müssen Funktionsabläufe von Teilsystemen und gegebenenfalls von Funktionsgruppen über das Informationsverarbeitungssystem ansprechbar sein.

Dabei ist zu unterscheiden zwischen Eingriffen im ungestörten und solchen im gestörten Betrieb. Im ungestörten Betrieb entsprechen die über Bedienereingaben ausgelösten Steuerungsvorgaben den im selbsttätigen Betrieb generierten Vorgaben. Für die prozeßnahe Steuerungsebene erübrigt sich in diesem Fall eine Unterscheidung. Beispiele hierfür sind das Ändern von Belegungsstrategien, das Einbringen von Eilaufträgen oder das Eintragen von Werkzeugkorrekturwerten.

Abhängig von der Störungsursache sind im gestörten Betrieb darüber hinaus Eingriffe nötig, die von jenen des normalen Ablaufs abweichen. Darunter fallen z.B. das Anwenden von Ausweichstrategien wie das Benützen alternativer Transportwege bei Ausfall einer bestimmten Funktionsgruppe im Transportsystem oder die Funktionsbeschränkung von Maschinen auf ungestörte Teilfunktionen. Dazu ist dann insbesondere für den

Wiedereinstieg in den durch die Störung unterbrochenen Ablauf
die Möglichkeit des direkten Ansprechens von Teilabläufen des
entsprechenden Teilsystems bzw. der beteiligten Funktionsgruppen vorzusehen.

Da der Einstieg in derartige Teilabläufe häufig nur durch
Aufheben bestimmter Sicherheitsverriegelungen des Automatik-
ablaufs möglich wird, muß dies gegen versehentliches Auslösen abgesichert werden. Solche Verriegelungen können mittels Schlüsselschalter, Ausweisleser, Paßworteingaben und
ähnlichem verwirklicht werden. Diese Sperren dürfen dann nur
durch besonders geschultes und autorisiertes Personal auf-
gehoben werden.

Die Grundlage für das Eingreifen im Störungsfalle ist jedoch
das Erkennen von Störungen selbst und die genaue Kenntnis des
Systemzustandes. Daraus ergibt sich als spezifische Aufgabe
für die prozeßnahe Steuerungsebene das Überwachen des Funk-
tionsablaufs der einzelnen Funktionseinheiten und Funktionsgruppen von Arbeitsstationen und Verkettungssystemen sowie
das Überwachen der eingesetzen Betriebsmittel. Die wichtigsten Hilfsmittel sind hier Zeitüberwachung und Plausibili-
tätskontrollen, aber auch das Überwachen vorgegebener Grenz-
werte von Schleppabständen, Momenten, Strömen etc.; Beispiele
hierfür finden sich unter anderem in / 13 /.

3.4.2 Handarbeitsplätze

Neben den rein numerisch gesteuerten Fertigungsvorgängen sind
in FFS auch verschiedene Arbeitsvorgänge manueller Art einzu-
gliedern. Solche manuellen Tätigkeiten werden zumindest an
den Systemgrenzen erforderlich. Am Systemeingang müssen Werkstücke und Werkzeuge für den folgenden automatischen Fertigungsablauf vorbereitet werden. Bei prismatischen Werkstücken
geschieht dies im allgemeinen durch Aufspannen auf Paletten.

Rohlinge rotatorischer Werkstücke können beispielsweise durch
geordnetes Einlegen in Transportbehälter oder -vorrichtungen
für die folgende automatische Handhabung vorbereitet werden.
Manuelle Tätigkeiten nach dem Werkstückdurchlauf durch das
FFS sind dann Arbeitsvorgänge wie Abspannen, Prüfen und gegebenenfalls Nacharbeiten.

Jedoch auch innerhalb des eigentlichen Fertigungsablaufs können Handarbeitsplätze verbleiben. Wie bereits angesprochen,
kann dies bei technischen Schwierigkeiten oder durch wirt-
schaftliche Überlegungen begründet sein.

Für all diese Arbeitsvorgänge sind dem jeweiligen Bediener die
benötigten Informationen zeitgerecht zu vermitteln. In der
herkömmlichen Fertigung geschieht dies in der Regel durch Begleitpapiere, die jedem Auftrag beigegeben sind.

Im Zuge der Automatisierung des Informationsflusses in FFS
sollte auch angestrebt werden, diese Bedienerinformation zu
integrieren und im gemeinsamen Informationsverarbeitungssystem zu speichern, zu verwalten und zu verteilen. Mit den
modernen Datensichtgeräten steht dafür ein geeignetes Aus-
gabemedium zur Verfügung, über das die Inhalte der üblichen
Begleitpapiere, auch Skizzen und einfachere Zeichnungen aus-
gegeben werden können / 8 /.

Bild 3.11 zeigt als Beispiel eine derartige Bildschirmausgabe,
wie sie in der Pilotanlage verwirklicht ist. Dargestellt ist
eine Seite des Werkzeugkatalogs.

Vorteile ergeben sich neben der Automatisierung des Speicherns,
Verwaltens und Übermittelns dieser Informationen besonders
beim Änderungsdienst. Neu erstellte oder geänderte Arbeits-
unterlagen können ohne weitere Verarbeitung (Herstellen von
Kopien usw.) und ohne Zeitverzögerung von allen interessier-
ten Stellen abgerufen werden. Auch die gleichzeitige Ausgabe
an verschiedene Stationen ist möglich.

Derartige Ausgaben können grundsätzlich über alphanumerische bzw. semigraphische Ausgabegeräte / 8 / erfolgen. Da diese zeichenweise arbeiten, erfordert die Informationsverarbeitung in diesem Bereich im wesentlichen Textverarbeitungsfunktionen, deren Eingliederung in ein rechnergeführtes Steuerungssystem keine besonderen Probleme aufwirft.

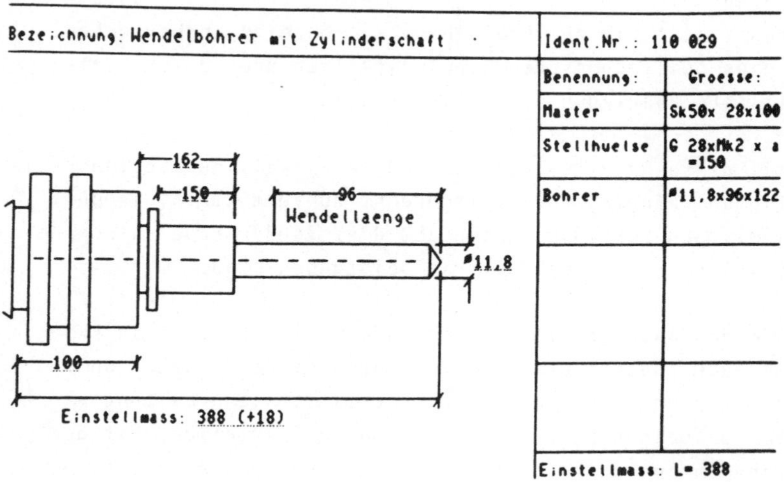

Benennung:	Groesse:
Master	Sk50x 28x100
Stellhuelse	G 28xMk2 x a =150
Bohrer	Ø11,8x96x122

Bild 3.11: Bildschirmausgabe am Einrichtplatz für Werkzeuge

3.4.3 Inbetriebnahme und Instandhaltung

Aufbau und Inbetriebnahme von komplexen Systemen wie FFS erfolgen stufenweise. Dies gilt sowohl für die Maschinenbaukomponenten als auch für das zugehörige Steuerungssystem. In jeder Stufe sind hierfür spezifisch ausgelegte Bedienungsmöglichkeiten und Testhilfen zur Verfügung zu stellen (Bild 3.12).

Die Bedienungsfunktionen entsprechen weitgehend den in 3.4.1 angesprochenen Funktionen zum Anstoß von Teilabläufen.

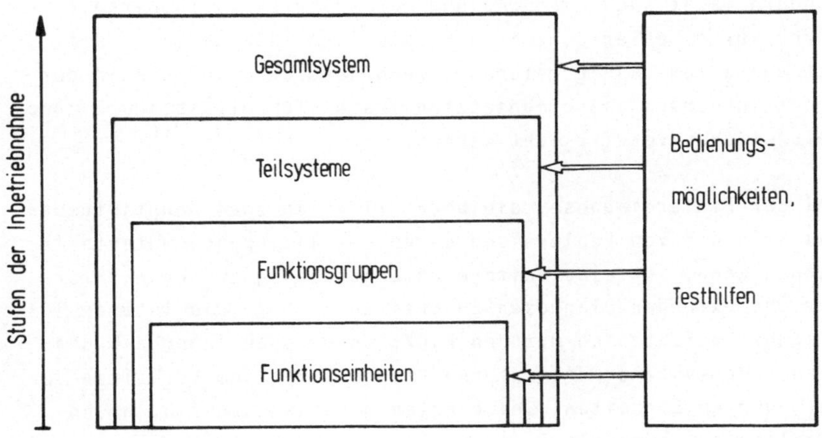

Bild 3.12: Stufen der Inbetriebnahme

Dabei ist es vorteilhaft, durch besondere Testhilfen die Möglichkeit zu bieten, Abläufe im Einzelschrittbetrieb zu durch-
fahren bzw. an vorwählbaren Stellen anzuhalten. Hier kann der
Bediener die Richtigkeit der erreichten Zustände kontrollie-
ren, wobei geeignete Anzeigen eine weitere Hilfe darstellen.
Sowohl die Maschinenzustände als auch vor allem die entsprechenden steuerungsinternen Zustände sollten lückenlos sicht-
bar gemacht werden können. Neben üblichen Lampenfeldern oder
Leuchtdiodenanordnungen sind an dieser Stelle für den Bediener leichter verständliche, aufbereitete Informationen in
alphanumerischer oder graphischer Form anzustreben. Der erreichbare Informationsgehalt hängt dabei jedoch wesentlich
von der Art des Steuerungsentwurfs und der gewählten Realisierung der Steuerungsfunktionen ab.

Die Berücksichtigung der Anforderungen der Inbetriebnahmephase
beim Steuerungsentwurf bringt, wie noch zu zeigen sein wird,
nicht nur Vorteile durch eine verkürzte Inbetriebnahmezeit,

sondern macht auch die Erhöhung der späteren Verfügbarkeit
durch kurze Fehlersuchzeiten im Störungsfalle möglich. Dies
ist vor allem dann erreichbar, wenn aufbauend auf die in der
Inbetriebnahmephase eingesetzten Testhilfen umfassende Diagno-
sefunktionen verwirklicht werden.

Bei der Fehlerdiagnose, die bekanntlich in zwei Hauptaufgaben,
das Erkennen von Fehlern und deren Lokalisierung, unterteilt
werden kann, ist eine weitere Unterscheidung zwischen inter-
ner und externer Diagnosen zu treffen / 23 /. Die interne
Diagnose befaßt sich mit den Funktionsgruppen innerhalb des
Steuerungssystems, die externe Diagnose mit dem Verhalten der
gesteuerten Einheiten. Beide Arten der Diagnose sind grundsätzlich entweder als integrierte Funktionen im Steuerungssystem oder durch getrennte Einrichtungen gesondert zu verwirklichen.

Als weitere Anforderung läßt sich nun aus den Erfordernissen
zur schnellen Fehlererkennung und -lokalisierung ableiten,
daß in derart komplexen Systemen, wie sie FFS darstellen, die
Diagnose on-line erfolgt. Gerade die informationstechnische
Verkettung der Teilsysteme innerhalb der integrierten Informationsverarbeitung bietet hierfür die besten Voraussetzun-
gen. So kann eine gegenseitige Überwachung über gemeinsame
Schnittstellen erfolgen. Im Fehlerfalle können dann Routinen
zur Fehlerlokalisierung automatisch ausgelöst und durchlaufen werden. Dies reicht bis zur Möglichkeit der Ausgabe von
Fehlerort und -ursache im Klartext.

Die Erstellung von Routinen zur Fehlerdiagnose wird wesentlich
unterstützt durch einen systematischen Entwurf der Steuerungsfunktionen. Damit müssen bei der Wahl eines geeigneten Ent-
wurfsverfahrens nicht zuletzt die Gesichtspunkte günstiger
Diagnosemöglichkeiten mit einfließen.

3.5 Konsequenzen für die prozeßnahe Steuerung

Durch die Vielzahl der in FFS zu beherrschenden Aufgaben ergibt sich für die Informationsverarbeitung ein weiter Bereich unterschiedlicher Anforderungen. Aufgrund dieser Verschiedenartigkeit wird man zunächst die jeweiligen Lösungsmöglichkeiten der einzelnen Teilbereiche getrennt betrachten. Dabei gilt es jedoch, die vielfältigen Zusammenhänge des Zusammenwirkens in einem integrierten System im Auge zu behalten.

Besonders zu berücksichtigen sind hier die Schnittstellen zwischen den Transportsystemen und den Maschinen, zwischen verschiedenen Transportgeräten untereinander und nicht zuletzt die besonderen Anforderungen der unterschiedlichen Bedienungsmöglichkeiten.

Der vielfach beschrittene Weg, vorhandene maschinenbauliche und steuerungstechnische Komponenten, deren Aufgabenzuordnung vorgegeben ist, zu einem System zusammenzufügen, bringt eine starke Einschränkung in der Flexibilität und in der Zahl der möglichen Freiheitsgrade mit sich. Die Anpassung an konstruktive Gegebenheiten, die durch eine frühzeitige Zuordnung von Funktionen zu bestimmten Geräten nötig wird, beschneidet die Ausnützung steuerungstechnischer Möglichkeiten. Zudem muß an den Schnittstellen ein großer Anpassungsaufwand betrieben werden.

Eine Alternative bietet eine funktionsorientierte Betrachtungsweise. Aufbauend auf der vollen Kenntnis der funktionalen Zusammenhänge ermöglicht eine nach problemorientierten Kriterien erfolgte Schnittstellenwahl eine sinnvolle Strukturierung. Dabei wird beispielsweise durch Zusammenfassen gleichartiger Funktionen eine Aufwandsreduzierung erreicht. Das Offenhalten der gerätemäßigen Zuordnung erleichtert problemspezifische Lösungen, bei denen die steuerungstechnischen Möglichkeiten besser ausgeschöpft werden. Damit

ist erfahrungsgemäß auch eine positive Rückwirkung auf die
konstruktive Auslegung gegeben.

Entsprechend sind auch die Hilfsmittel für den Steuerungsentwurf und die Dokumentation funktionsorientiert zu wählen. Eine
geräteorientierte Darstellung, wie sie heute bei Steuerungs-
und Maschinenherstellern gebräuchlich und leider noch von
bestimmten Anwendern verlangt wird, ist in diesem Stadium für
den Entwickler wenig hilfreich.

Es gilt eine übergordnete, am Problem orientierte Beschreibungsform zu finden, die sich systematisch am Denken nach
Funktionen ausrichtet. Dabei bildet die Koordination verschiedener, zum Teil paralleler Funktionsabläufe bei komplexen
Systemen ein zentrales Problem.

Im weiteren soll daher versucht werden, für die Problematik der
prozeßnahen Steuerung eine Darstellungsform vorzuschlagen, die
sowohl den systematischen Entwurf von Einzelfunktionen als
auch die Synchronisation zusammenwirkender Abläufe berücksichtigt.

4 Entwurf prozeßnaher Steuerungsfunktionen

4.1 Grundlagen

4.1.1 Definition und Gliederung von Steuerungen

Steuerungen lassen sich nach drei verschiedenen Gesichtspunkten einteilen:

- nach der gerätemäßigen Verwirklichung,
- nach ihrer internen Arbeitsweise und
- nach der gegebenen Aufgabenstellung (problemorientiert).

Üblicherweise wird nach den beiden ersten Gesichtspunkten unterschieden. So gliedert die DIN-Norm 19 237 / 24 / Steuerungen nach den in Bild 4.1 aufgeführten Unterscheidungsmerkmalen.

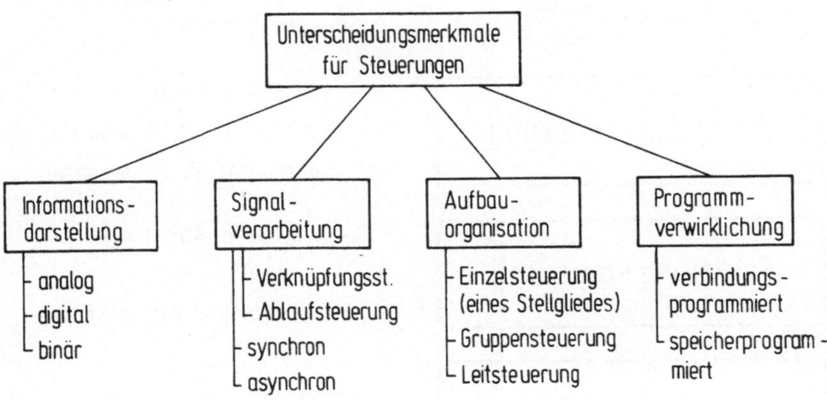

Bild 4.1: Unterscheidungsmerkmale für Steuerungen nach DIN 19 237

Die Praxis bevorzugt Bezeichnungen, die bestimmte Geräte an-
geben. Solche gerätebezogenen Bezeichnungen sind z.B.: numerische Steuerung (NC), programmierbare Steuerung (PC), Schüt-
zen- oder Relaissteuerung und ähnliche.

Für den Steuerungsentwurf ist in der ersten Phase, der auf-
gaben- und funktionsmäßigen Analyse, eine solche geräteorientierte Aufgliederung wenig sinnvoll. Erst nach erfolgter
problemorientierter Strukturierung der Steuerungsaufgaben
kann die Eignung bestimmter Geräte festgestellt werden. Dazu
wurde insbesondere durch die jüngsten Entwicklungen auf dem
Gebiet der Mikroprozessorsysteme ein breites Feld neuer Lösungsmöglichkeiten eröffnet.

Betrachtet man den Informationsfluß bei Fertigungseinrichtungen, lassen sich aufgabenmäßig drei verschiedene Ebenen unterscheiden (Bild 4.2).

Steuerungsebenen

Charakterisierung

Programmsteuerung	variable Abläufe externe Steuerprogrammvorgabe änderbarer Programmspeicher
Funktionssteuerung	invariante Abläufe Verknüpfungen feststehende Algorithmen
Stellebene	Leistungsverstärkung physikalische Umsetzung

Bild 4.2: Gliederung prozeßnaher Steuerungsfunktionen

Die in der untersten Ebene, der Stellebene, zur Betätigung
der einzelnen Stellglieder erforderlichen Stellsignale werden in der Ebene der Funktionssteuerung erzeugt. Dies erfolgt
auf Funktionsbefehle hin, die von der Handeingabe oder von
der übergeordneten Programmsteuerung stammen. Solche Funktionsbefehle erzeugen einzelne Stellsignale oder Folgen von
Stellsignalen, die festliegende Abläufe bewirken (vgl. auch
Abschnitt 3.1.2). Schließen bestimmte Stellsignale oder Ma-
schinenfunktionen einander aus, werden durch entsprechende
Verknüpfungen bzw. Verriegelungen Fehlschaltungen verhindert.

Der Funktionssteuerung überlagert ist die Programmsteuerung.
Hier liegen die Funktionsabläufe nicht in Form von unverän-
derbaren Algorithmen intern fest, sondern sind auf den jeweils anstehenden Fertigungsprozeß bezogen. Eingegeben werden also Steuerprogramme, die auf den Fertigungsablauf zu-
geschnitten sind. Daraus generiert die Programmsteuerung
schrittweise zu jedem Programmpunkt die nötigen Funktionsbefehle für die Funktionssteuerung / 25 /.

Die Programmeingabe kann über Lochstreifen oder vergleich-
bare Datenträger, über Datenleitungen von einer übergeordneten Steuerungsebene (z.B. Datenverteilrechner) oder durch
Handeingabe in einen internen, variablen Programmspeicher
erfolgen. Charakteristisch für die Programmsteuerungsebene
ist also ein änderbarer Speicher für die Steuerprogramme.

Der Steuerungsentwurf für diese beiden Ebenen, also für Pro-
gramm- und Funktionssteuerung, soll im weiteren näher betrachtet werden. Besondere Berücksichtigung findet dabei die Integration verschiedener Einrichtungen in ein verkettetes Fertigungssystem.

- 52 -

4.1.2 Hilfsmittel zum Steuerungsentwurf

4.1.2.1 Gegenüberstellung verschiedener Beschreibungsformen

Die wichtigsten Möglichkeiten zur Formulierung der Informationsverarbeitungsaufgaben beim Steuerungsentwurf sind:
- verbale Beschreibung
- Entscheidungstabelle / 26 /
- Programmablaufplan (Flußdiagramm) / 27 /
- Funktionsdiagramm / 28 /
- Funktionsplan / 29 /
- Stromlaufplan / 30 /
- Zustandsgraph / 5 /
- Petri-Netz / 31, 32 /.

Eine Gegenüberstellung dieser Möglichkeiten ist in Bild 4.3 dargestellt. Im einzelnen Anwendungsfall wird man die aufgeführten Kriterien spezifisch gewichten müssen.

Kriterien Darstellungsart	Erlernbarkeit	Allgemein-verständlichkeit	Übersichtlichkeit	Systematik	Problem-orientiertheit	Umsetzbarkeit in -Hardware	-Software	Darstellbarkeit von -Abläufen	-komplexen Zusammenhängen
Verbale Beschreibung	++	++	-	-	++	-	-	o	o
Entscheidungstabelle	+	o	o	++	++	-	+	-	-
Programmablaufplan	o	+	o	o	o	o	++	++	o
Funktionsdiagramm	+	+	+	o	++	-	o	++	o
Funktionsplan	o	o	o	+	o	++	++	++	o
Stromlaufplan	+	o	-	-	-	++	-[1)] ++[2)]	-	-
Zustandsgraph	o	+	++	++	++	o	++	++	-
Petri-Netz	o	+	++	++	++	o	++	++	++

++ sehr gut   + gut   o mäßig   - schlecht   [1)] bei Prozeßrechnern   [2)] bei programmierbaren Steuerungen

Bild 4.3: Gegenüberstellung verschiedener Beschreibungsformen

Dabei sind sicher im Hinblick auf die Verwirklichung bestimmter abgegrenzter Teilprobleme sehr unterschiedliche Bewer-
tungsfaktoren anzusetzen. Für den Entwurf komplexer Systeme,
die durch das Zusammenwirken vieler Untergruppen charakterisiert sind, müssen jedoch besonders die Gesichtspunkte der
Koordination und Kooperation berücksichtigt werden. Dazu ist
es sinnvoll, in allen Ebenen gemeinsam gleiche Formalismen
zu verwenden.

Sequentielle Abläufe sind in verschiedenen Darstellungsarten
ausreichend übersichtlich und verständlich beschreibbar. Dies
gilt auch für mehrere Abläufe, die zwar gleichzeitig, aber
unabhängig voneinander ablaufen. Wesentliches Charakteristi-
kum für komplexe Systeme wie FFS ist jedoch, daß mehrere
nebeneinander ablaufende Prozesse nur teilweise voneinander
unabhängig sind, an bestimmten ausgezeichneten Stellen jedoch miteinander koordiniert werden müssen. Durch die teilweise unabhängig ablaufenden Teilprozesse kann leicht der
Überblick über die Gesamtsituation verloren gehen. Ein Ent-
wurfsverfahren, das bei FFS eingesetzt werden soll, müßte
diesen Überblick erleichtern.

Das Petri-Netz, das im Grunde eine konsequente Weiterentwick-
lung der Zustandsgraphen darstellt / 31 /, erfüllt die genannten Anforderungen am besten. Jedoch sind sowohl Zustandsgraphen als auch Petri-Netze in der Fertigungstechnik nicht
eingeführt. Die Ursache hierfür liegt einmal in der Schwie-
rigkeit, von überkommenen und genormten Darstellungsweisen
abzugehen, zum anderen in der verhältnismäßig geringen Komplexität der Abläufe bei Einzelmaschinen und damit bisher am
geringen Bedarf, übergeordnete Zusammenhänge darzustellen.

Von den eingeführten Darstellungsarten kommt der Funktionsplan dem gesteckten Ziel am nächsten. Er weist jedoch auch
gerade bezüglich der Übersichtlichkeit bei komplexen Systemen erhebliche Nachteile auf. Insbesondere ist die Wechsel-
wirkung paralleler Prozesse graphisch nicht deutlich darstellbar.

Die praktische Anwendung des Petri-Netz-Verfahrens blieb bisher im wesentlichen auf die Rechnertechnik, vor allem im Zusammenhang mit der Modellierung von Betriebssystemen und Multiprozessorstrukturen, beschränkt / 31 /. Es ist jedoch auch nicht ohne weiteres auf die Belange der Fertigungstechnik zu übertragen. Als besonderer Nachteil wird hier der strenge Formalismus gesehen, mit dem jeweils Ereignis und nachfolgender Zustand aufgezeigt werden müssen. Besonders bei der Darstellung übergeordneter Funktionsabläufe, wie sie z.B. innerhalb des Materialflusses auftreten, interessiert in einem Übersichtsschaubild nur die Folge der einzelnen Aktionen in der Art des Funktionsplans.

Auf der Ebene der Funktionssteuerungen wurden beim Aufbau der Pilotanlage schon frühzeitig als Hilfsmittel zum systematischen Entwurf die Zustandsgraphen / 5 / verwendet. Die Vorteile zeigten sich vor allem aufgrund der Systematik und Übersichtlichkeit der Darstellung, bei der erleichterten Inbetriebnahme und den verbesserten Möglichkeiten der Fehlerdiagnose / 23 /.

Die Darstellung der Zusammenhänge zwischen den Funktionen und Abläufen der einzelnen Funktionsgruppen und Teilsysteme sollten mit dieser Darstellungsart korrespondieren können. Im folgenden wird daher eine Möglichkeit vorgestellt, aufbauend auf den Zustandsgraphen, übergeordnete Abläufe und deren Synchronisation ohne ein zuviel an Darstellung graphisch aufzuzeigen. Dabei sind Anregungen aus der Darstellung mittels Funktionsplan und Petri-Netz sowie die spezifischen Anforderungen der Steuerungsprobleme bei FFS eingeflossen.

4.1.2.2 Erweiterte Zustandsgraphen

Die beiden Grundelemente der Zustandsgraphen sind:
- Knoten, als Kreise dargestellt; sie bezeichnen die
  Betriebszustände von FE.
- Kanten, als Pfeile dargestellt; durch sie werden die
  Übergänge markiert, die Pfeilrichtung gibt die Rich-
  tung des Übergangs an.

Diese Grundelemente lassen die Darstellung der Koordination
nebenläufiger Prozesse nicht zu. (Der Begriff "nebenläufig"
entspricht dem englischen Ausdruck "concurrent" und wird häufig anstatt des leicht mißzuverstehenden Begriffes "parallel"
verwendet, da weder Gleichartigkeit noch Gleichzeitigkeit
der Zustände der verschiedenen Prozesse vorausgesetzt werden
kann). Um gegenseitige Abhängigkeiten solcher Prozesse auf-
zeigen zu können, werden hier zusätzliche Synchronisationselemente eingeführt.

Gleichzeitigkeit von Übergängen soll dargestellt werden durch
einen gemeinsamen Querstrich durch die entsprechenden Kanten
der beteiligten Graphen (Bild 4.4a). Äquivalent sei die Darstellung nach Bild 4.4b. Hier wird die Gleichzeitigkeit durch
Kommunikationsverbindungen (gestrichelte Pfeile), die jeweils
von einem Knoten zu der entsprechenden Kante des nebenläufigen Graphen gerichtet sind, aufgezeigt.

Beide Darstellungen bedeuten also, daß die Übergangsbedingungen K_A und K_B erst erfüllt sind, wenn sowohl A_1 als auch B_1
erreicht sind. Damit werden A_2 und B_2 gleichzeitig eingeleitet.

Aufgrund der besseren Übersicht sollte die im Bild links gezeigte einfachere Darstellung bevorzugt werden; die rechts
gezeigte ist für solche Fälle gedacht, wo eine parallele Anordnung der Übergänge graphisch nicht möglich ist.

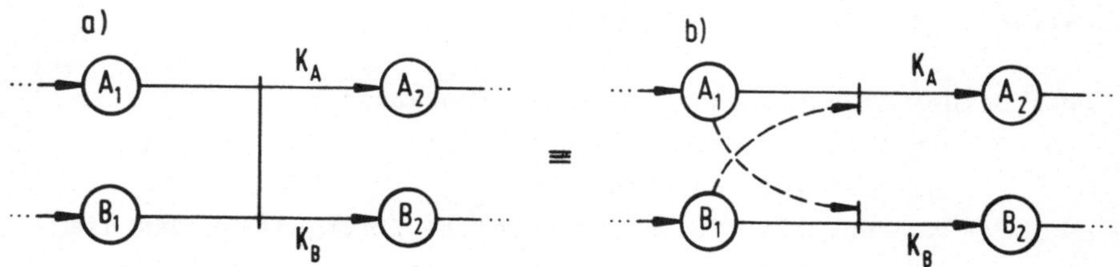

Bild 4.4: Gleichzeitigkeit

Einseitige Abhängigkeit soll nach Art von Bild 4.5a dargestellt werden. Hier ist der Übergang von A_1 nach A_2 zeitlich
von B_1 abhängig, nicht aber der Übergang von B_1 nach B_2 von
A_1. Die Übergangsbedingung K_B könnte hier von einem dritten
nebenläufigen Graphen abhängig sein.

Bei dieser Art der einseitigen Abhängigkeit muß gewährleistet
werden, daß die Zustände A_1 und B_1 auch gleichzeitig auftreten. Dies geschieht in der Regel durch mindestens eine weitere Synchronisationsstelle beider Graphen in der unmittelbaren Umgebung von A_1, A_2 oder B_1.

Negierte Abhängigkeit (Bild 4.5b) tritt dann auf, wenn ein
bestimmter Betriebszustand nicht eingeleitet werden darf, solange ein anderer andauert. Die Darstellung bedeutet aber,
daß K_A nicht erfüllt ist, solange sich der Prozeß B im Zustand B_1 befindet. K_B wird vom Prozeß A nicht beeinflußt.

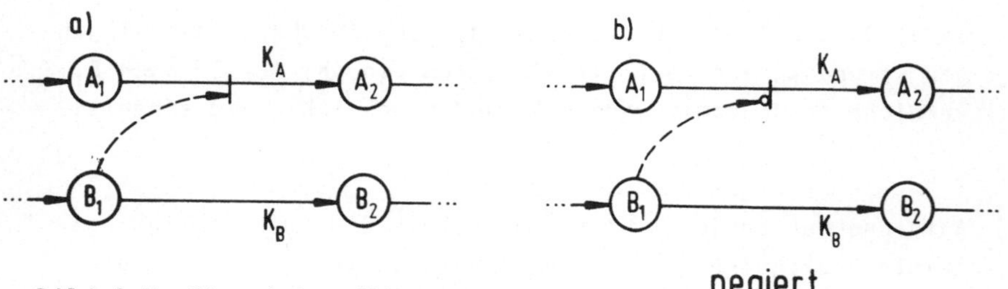

Bild 4.5: Einseitige Abhängigkeit

<u>Mehrfache Abhängigkeit</u> kann konjunktiv und disjunktiv ver-
knüpft vorkommen (Bild 4.6). Im ersten Fall, der in Bild 4.6a
dargestellt ist, kann der Übergang $A_1 \rightarrow A_2$ nur dann stattfin-
den, wenn im Ablauf neben A_1 auch B_1 und C_1 erreicht sind
und gleichzeitig anstehen.

a) konjunktiv

b) disjunktiv

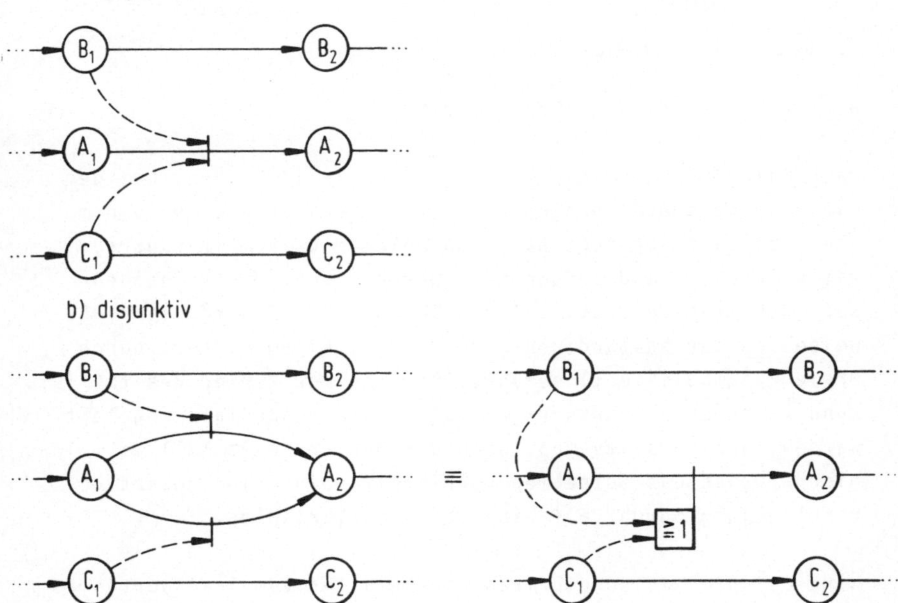

<u>Bild 4.6:</u> Mehrfache Abhängigkeit

Im Falle der disjunktiven Verknüpfung, wie sie in Bild 4.6b
aufgezeigt ist, wartet A_2 entweder auf B_1 oder auf C_1 , das
heißt, nur eine von beiden Bedingungen muß erfüllt sein.

<u>Mittelbare Abhängigkeit</u> ergibt sich, wenn verschiedene Vor-
gänge zwar zeitlich entkoppelt ablaufen können, aber über
ein drittes Medium synchronisiert werden müssen. Verwirklicht
wird dies durch Zwischenschalten von Merkern oder Zählern
(Semaphoren). Typische Beispiele hierfür sind im Transport-
bereich anzutreffen.

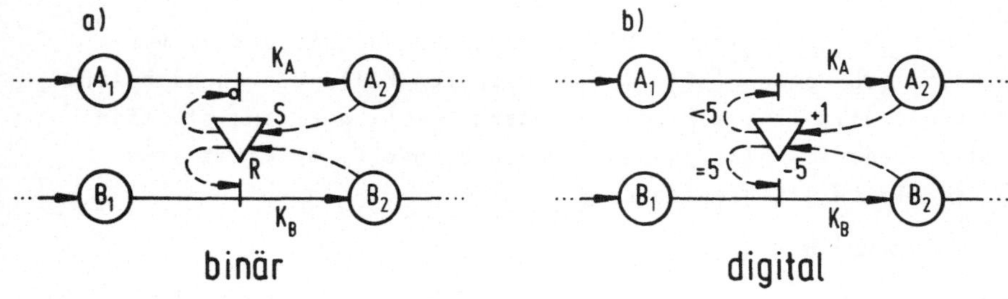

S... Setzen   R...Rücksetzen

Bild 4.7: Mittelbare Abhängigkeit

Nach Bild 4.7a kann ein Vorgang dargestellt werden, bei dem
ein Transportgerät A ein bestimmtes Transportgut auf einem
Übergabeplatz abgelegt hat, von welchem es vom Transportgerät B anschließend aufgenommen werden kann. Das Vorhandensein des Transportguts auf dem Übergabeplatz wird beispielsweise von der zuständigen Steuerung in einem Merker (durch
Dreieck symbolisiert) geführt. Solange der Merker gesetzt ist,
kann kein neues Transportgut auf dem Übergabeplatz abgelegt
werden, andererseits muß, wenn der Merkerinhalt Null ist, lo-
gischerweise das Aufnehmen verriegelt sein. Eine derartige
Verriegelung beruht auf einer binären Variablen.

Wird beispielsweise ein Transportbehälter vom Transportgerät A
nacheinander mit einer bestimmten Anzahl Teilen (in Bild 4.7b
5 Stück) gefüllt, um danach von Transportgerät B abtranspor-
tiert zu werden, geschieht die Synchronisation beider Geräte
über einen Zähler, also digital. Im gezeigten Beispiel muß
der Übergang $A_1 \rightarrow A_2$ somit fünfmal ablaufen, bevor B_2 eingeleitet werden kann.

Mit Hilfe der aufgezeigten Synchronisationselemente sind
die in FFS benötigten Synchronisationsarten graphisch darstellbar. Sie werden im folgenden zur Darstellung des Steue-
rungsentwurfes an charakteristischen Beispielen verwendet.

4.2 Systematischer Entwurf mit Hilfe erweiterter Zustandsgraphen

4.2.1 Steuerung von Funktionseinheiten (FE)

Die Grundmodelle, auf die sich die überwiegende Mehrzahl von
FE reduzieren lassen, sind in Bild 4.8 aufgezeigt.

Lagebestimmte FE

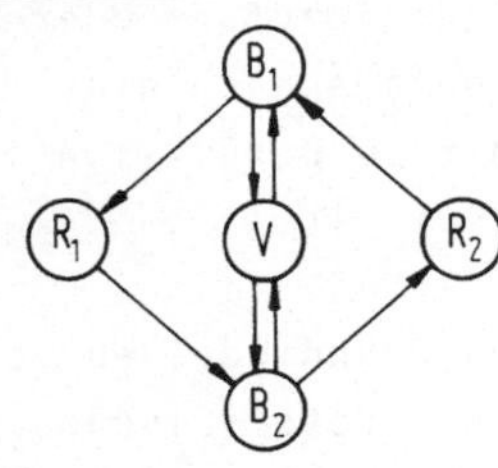

R_1, R_2 ...Rand- oder Ruhezustände
B_1, B_2 ...Bewegungszustände
V   ...Verweilzustand

Energetisch bestimmte FE

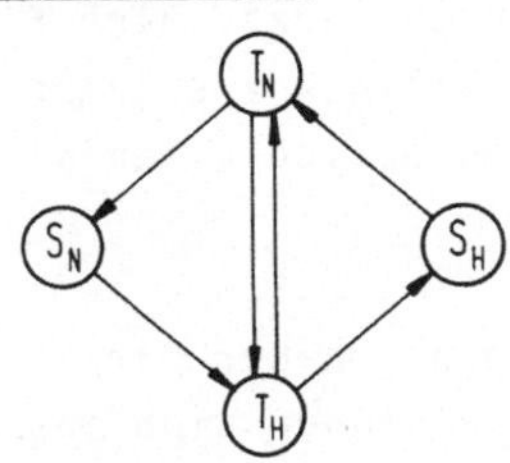

$S_{N/H}$ ... Stationärer Zustand mit niedrigstem/
höchstem Energieniveau

$T_{N/H}$ ... Temporärer Zustand mit Erniedrigung/
Erhöhung des Energieniveaus

Bild 4.8: Zustandsgraphen von Funktionseinheiten / 5 /

Der Graph der lagebestimmten FE in Bild 4.8 beschreibt FE,
die in ungestörtem Betrieb zwei ausgezeichnete, üblicherweise
durch Geber zurückgemeldete Randlagen einnehmen können, welche sie über die jeweils zugehörigen Bewegungszustände B_1, B_2
erreichen. Der Verweilzustand V kann nur im Störungsfalle
durch mechanische Verklemmung oder durch Ausbleiben der Energiezufuhr während einer Bewegung erreicht werden. Ein charakteristisches Beispiel für eine lagebestimmte FE ist in
Bild 2.2 das Ausziehen/Zurückziehen des Wechslerarmes des
Werkzeugwechslers.

Nehmen FE nach Ausbleiben der Energiezufuhr stets denselben
Ausgangszustand ein, nennt man sie energetisch bestimmt. Die
charakterisierende Größe solcher FE ist stets eine Energie

oder Ersatzgröße, die für die Energie stehen kann / 5 /. Drehzahl oder Geschwindigkeit können hier als Ersatzgrößen für
kinetische Energie oder auch Druck bzw. ein Federweg für eine
potentielle Energie stehen. Energetisch bestimmte FE findet
man häufig bei Funktionen wie Spannen, Klemmen, Kuppeln und
Bremsen.

Der direkte Übergang zwischen den beiden temporären Zuständen der energetisch bestimmten FE ist auch nur bei Störungen,
also durch kurzzeitige Einbrüche in der Energiezufuhr oder
deren völliges Ausbleiben, möglich. Aber gerade auch diese
Störungsmöglichkeiten sind beim Entwurf mit zu berücksichtigen.

Ausnahmen von der Darstellbarkeit nach den Grundmodellen von
Bild 4.8 finden sich insbesondere bei FE mit rotatorischen
Bewegungen. Häufig liegt hier im Sinne von geschlossenen Folgen das Funktionsziel nicht in der Zustandsänderung der FE
selbst, sondern im Durchlaufen der Zustandsfolge. Ein Beispiel
hierfür ist eine 360°-Schwenkung eines Werkstücks beim Reinigen in einer Waschstation. Die FE besitzt dabei nur einen
Randzustand (0° bzw. 360°) und einen Bewegungszustand.

Dieser Unterschied wirkt sich vor allem in der Behandlung
beim Verketten und Synchronisieren mit anderen FE innerhalb
von FG aus, wie dies im nächsten Abschnitt beim Zusammen-
schalten von FE zu FG zu zeigen sein wird.

4.2.2.   Verketten von Funktionseinheiten (FE) zu Funktions-
         gruppen (FG)

4.2.2.1 Unstrukturiertes Verketten

Eine naheliegende Art des Verkettens von FE zu einem gemeinsamen Funktionsablauf innerhalb einer FG ist am Beispiel des

Werkzeugwechselns in Bild 4.9 ausgeführt. Diesem Graph liegt
die FG Werkzeugwechsler nach Bild 2.2 zugrunde. Die störungs-
bedingten Übergänge und Verweilzustände sind hier wegen der
besseren Übersichtlichkeit weggelassen.

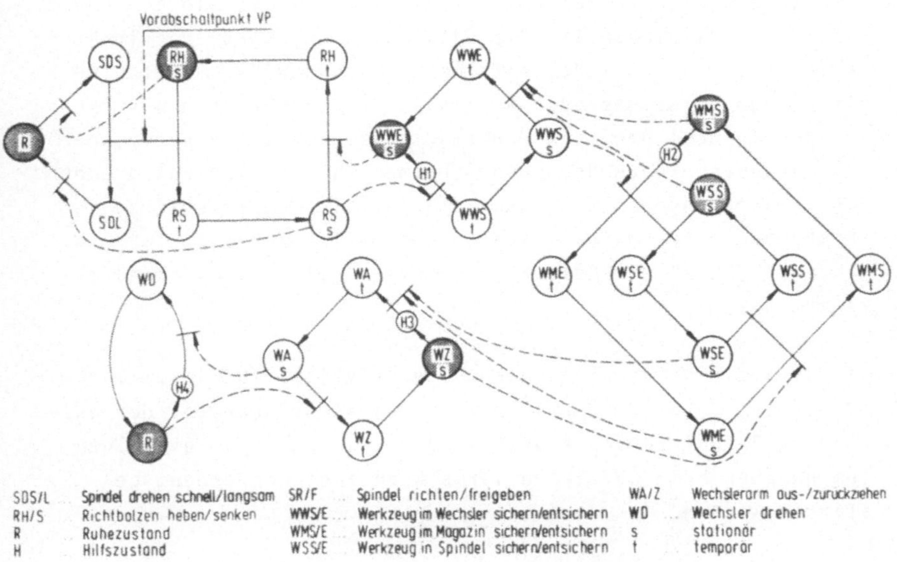

SDS/L	Spindel drehen schnell/langsam	SR/F	Spindel richten/freigeben	WA/Z	Wechslerarm aus-/zurückziehen
RH/S	Richtbolzen heben/senken	WWS/E	Werkzeug im Wechsler sichern/entsichern	WD	Wechsler drehen
R	Ruhezustand	WMS/E	Werkzeug im Magazin sichern/entsichern	s	stationär
H	Hilfszustand	WSS/E	Werkzeug in Spindel sichern/entsichern	t	temporär

<u>Bild 4.9:</u> Zustandsgraph der FG Werkzeugwechsler;
unstrukturiert

Vor dem Anstoß eines Werkzeugwechsels befinden sich alle Teilgraphen im besonders hervorgehobenen Grundzustand. Die gemeinsame Startbedingung für alle Teilgraphen, diese Grundzu-
stände zu verlassen, ist der Befehl "Werkzeugwechsel", der
von der übergeordneten Programmsteuerungsebene oder aber von
der Handeingabe stammt. Gegenseitige Synchronisationsbedingun-
gen verhindern nun einen unkoordinierten Funktionsablauf der
einzelnen Funktionseinheiten.

Danach ergibt sich also folgender Funktionsablauf:
Zum Richten wird die Spindel zunächst mit hoher Drehzahl (SDS)

bis zu einem definierten Vorabschaltpunkt (VP) gedreht. Jetzt
wird gleichzeitig auf langsame Drehzahl umgeschaltet (SDL) und
ein Richtbolzen auf eine Rastscheibe abgesenkt. Im Moment des
völligen Einrastens dieses Richtbolzens bei exakter Richt-
stellung (RS-s) wird der Spindelantrieb abgeschaltet. Nun
erfolgt das Sichern der beiden Werkzeuge im Wechslerarm (WWS).
Danach kann gleichzeitig das Entsichern des Werkzeugs im Magazin und in der Spindel erfolgen (WME und WSE). Damit sind
die beiden zu wechselnden Werkzeuge freigegeben zum Ausziehen
aus der Spindel bzw. dem Werkzeugmagazin (WA). Nach dem an-
schließenden Drehen des Wechslerarmes (WD) folgen entsprechend
den vorangegangenen Schritten die jeweils komplementären in
entgegengesetzer Reihenfolge, bis beim Zustand "Richtbolzen
gehoben" (RH-s) der Gesamtablauf wieder den Grundzustand erreicht hat.

Bei derartigen geschlossenen Folgen (Zyklen) muß im Umkehr-
punkt, in diesem Fall beim Drehen des Wechslerarmes, der aus-
lösende Befehl zurückgesetzt werden, da sonst die einzelnen
Teilgraphen beim Erreichen ihres Grundzustands erneut ge-
startet werden.

Weiter erkennt man an diesem Beispiel, daß eine rein kombi-
natorische Verkettung der Grundmodelle der jeweiligen FE bei
derartigen Zyklen nicht genügt. Man betrachte beispielsweise
die Verriegelung des Überganges RS-s nach RH-t. Ohne den
Hilfszustand H1 im benachbarten Teilgraph würde der Zustand
RS-s unmittelbar nach Erreichen sofort wieder verlassen werden, da zum selben Zeitpunkt der Zustand WWE-s noch gesetzt
ist. Das Einführen des Hilfszustands H1, der ja sicher vor
RS-s erreicht wird, verhindert diesen ungewollten Übergang.
Entsprechendes gilt für H2 ... H4.

Bei der Realisierung wird häufig das Einführen solcher Hilfs-
zustände umgangen, indem Verzögerungszeiten in die fraglichen
Übergänge eingeführt werden. Dies geschieht z.B. unter Ausnützung von Signallaufzeiten und Signalverarbeitungszeiten

bzw. bei Softwarelösungen durch Berücksichtigen von Programm-
laufzeiten oder aber durch den Einsatz von Zeitstufen. Dabei
besteht jedoch die Gefahr, daß geringe zeitliche Schwankungen
im Funktionsablauf sporadisch zu Fehlschaltungen führen können,
deren Ursache erfahrungsgemäß schwierig zu finden sind. Aus
diesem Grund sollte die eindeutige Lösung mit Hilfszuständen
vorgezogen werden.

Diese unstrukturierte Art der funktionalen Verkettung von FE
zu übergeordneten Abläufen weist jedoch einige Nachteile auf:
- Unübersichtlichkeit, da der eigentliche Funktionsablauf schwer erkennbar ist,
- Änderung der Grundgraphen, dadurch ist der Einzeltest von FE aufgrund der Vermaschung schwierig,
- Erstellung und Inbetriebnahme ist nur als Ganzes,
  nicht schrittweise möglich.

Diese Nachteile wirken sich vor allem bei der Inbetriebnahme
und bei Wartungsarbeiten aus. Sie werden zusätzlich noch ver-
stärkt, wenn einzelne FE als Schnittmengen verschiedener FG
auftreten und damit die Vermaschung vielfältiger und kompli-
zierter wird.

4.2.2.2 Strukturiertes Verketten

Betrachtet man den funktionalen Ablauf einer FG, so stellt er
sich als Folge von Einzelschritten dar. Eine derartige Schrittfolge zeigt Bild 4.10 (Erklärungen siehe Bild 4.9).

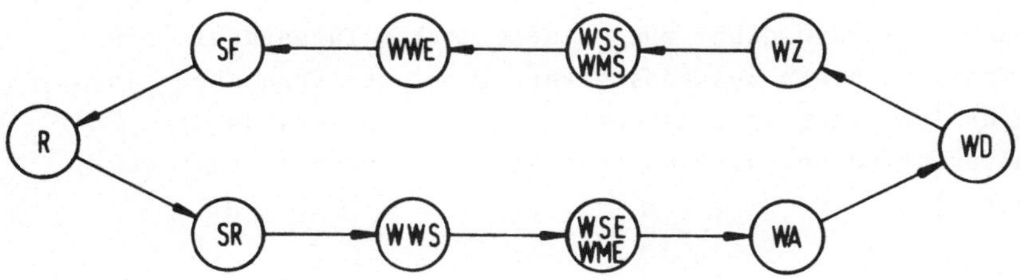

Bild 4.10: Schrittfolge beim Werkzeugwechsel (Ablaufgraph)

Als Beispiel wurde wieder das Werkzeugwechseln gewählt. Die
Knoten dieses Graphen markieren hier jeweils einen Schritt.
Ein solcher Schritt kann dabei das Weiterschalten einer FE
nach Bild 4.11b in den jeweils komplementären Randzustand
(stationären Zustand), eine offene Folge mit mehreren Zu-
standsübergängen (Bild 4.11a) oder auch einen in sich geschlossenen Zyklus umfassen, wie z.B. das Drehen des Wechsler-
arms (Bild 4.11c).

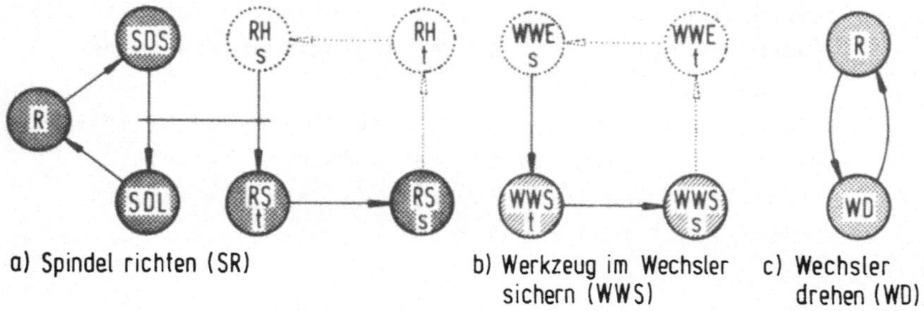

Bild 4.11: Beispiele von Einzelschritten (hinterlegt)
Erklärungen siehe Bild 4.9

Funktionen, die stets gleichzeitig ablaufen, wie z.B. "Werkzeug im Magazin und in der Spindel sichern" bzw. "entsichern"
(WMS/E bzw. WSS/E, Bild 4.9 und 4.10) werden hier sinnvoller-
weise zu einem Schritt zusammengefaßt.

Über das Zwischenschalten von Merkern läßt sich die FG-Ebene
vorteilhaft mit der Ebene der FE verbinden. Dies ist in Bild
4.12 beispielhaft dargestellt.

Jeder FE werden dabei zwei binäre Merker zugeordnet, ein
Befehls- und ein Zustandsmerker. Immer bei Erreichen eines
neuen Schrittes wird der Befehlsmerker der zuständigen FE
entsprechend der vereinbarten Bedeutung gesetzt bzw. rück-
gesetzt.

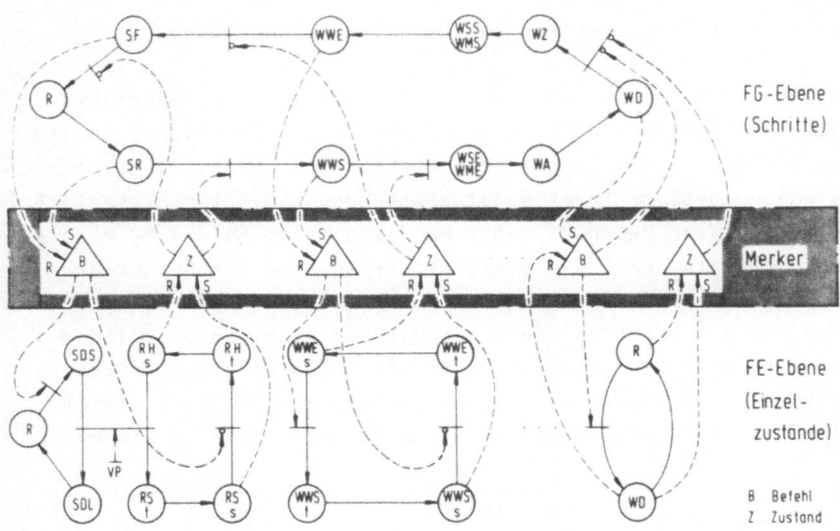

Bild 4.12: Zustandsgraph der FG Werkzeugwechsler; strukturiert
Erklärungen siehe Bild 4.9

Die Ausführung des angestoßenen Schrittes muß sinngemäß
zurückgemeldet werden. Dabei treten zwei zu unterscheidende
Fälle auf:
- Zustand der FE nach Ausführung des Befehls ist vom
  Ausgangszustand verschieden.
- Zustand der FE nach Ausführung des Befehls ist gleich
  dem Ausgangszustand.

Im ersten Fall existieren zwei komplementäre Befehle, denen
zwei Zustände zugeordnet sind. Als Weiterschaltbedingung
zum nächsten Schritt muß hier der Inhalt des Befehlsmerkers
gleich dem Inhalt des Zustandsmerkers sein:

$$B = Z .$$

Dabei gilt, daß der Befehlsmerker ausschließlich von der
FG-Ebene beschrieben und von der FE-Ebene aus gelesen werden kann. Für den Zustandsmerker gilt die Umkehrung.

Im zweiten Fall, bei dem bekanntlich das Ziel des Schrittes
nicht im Erreichen eines neuen Zustands der Funktionseinheit,
sondern im Durchlaufen einer Zustandsfolge selbst liegt, gibt
es keine komplementären Randzustände und damit auch keine
komplementären Befehle. Daher muß, wie es in Bild 4.12 rechts
deutlich wird, nach dem Start des Zyklus der Befehlsmerker
zurückgesetzt werden. Damit wird erreicht, daß die Funktionseinheit nach Erreichen des Ruhezustands nicht sofort wieder
einen neuen Zyklus beginnt. Andererseits bleibt der Zustandsmerker solange gesetzt, wie der Zyklus dauert. Somit ergibt
sich als Weiterschaltbedingung zum nächsten Schritt eindeutig:

$$B \wedge Z = 0 \ .$$

Hier sei noch bemerkt, daß in Bild 4.12 die Synchronisation
zwischen den Übergängen R→SDS bzw. SDS→SDL mit den Zuständen
RH-s bzw. RS-s aus Gründen der besseren Übersicht nicht eingezeichnet wurden.

Für die Kommunikation zwischen den beiden Ebenen der FG und
FE genügen die beiden hier beschriebenen Vorgehensweisen.
Da nur zwei unterschiedliche Formen vorkommen und diese immer
nach der gleichen Vorgehensweise, streng nach Schema, anwendbar sind, läßt sich diese Art des Synchronisationsmechanismus
leicht beherrschen. Ist die Methode bekannt und eingeführt,
kann auf die Darstellung der Befehls- und Zustandsmerker und
der zugehörigen Kommunikationsverbindungen verzichtet werden.
Es genügt die Vereinbarung der Merker und ihrer Bedeutung.

Als Vorteile dieser strukturierten Art des Verkettens von FE
sind zu nennen:
- Übersichtlichkeit, klare Schrittstellen,
- modular; getrennt erstellbar, einzeln testbar,

- auf FE-Ebene bleiben Grundgraphen erhalten,
- FE können über den Befehlsmerker von verschiedenen Abläufen beauftragt werden; kein Mehraufwand,
- leichte Änderbarkeit; Änderungen in einer Ebene haben keinen Einfluß auf andere Ebenen.

Damit ist diese Methode nicht nur bei FFS interessant, sondern auch bei Transferstraßen, vor allem im Hinblick auf eine einfachere Umstellbarkeit des Arbeitsablaufs bei gleichen Funktionseinheiten.

4.2.2.3 Funktionsgruppen mit verzweigten Abläufen

Neben FG, deren einzelne Funktionsschritte in stets derselben linearen Folge ablaufen, wie dies beispielsweise beim gezeigten Werkzeugwechsel der Fall ist, existieren auch FG mit verzweigten Abläufen. Dabei ergeben sich, abhängig von übergeordneten Vorgaben, unterschiedliche Ablaufvarianten.

Ein charakteristisches Beispiel einer solchen FG mit verzweigten Abläufen ist die in Bild 4.13 dargestellte Palettenspann- und -dreheinrichtung. Derartige Einrichtungen sind in der Pilotanlage zur Aufnahme der Paletten auf den Arbeitstischen der Bearbeitungszentren eingesetzt. Neben der reinen Spannfunktion übernehmen diese Einrichtungen das Drehen der quadratischen Paletten in 90°-Schritten. Damit wird die Bearbeitung von vier Seiten ermöglicht.

Die Dreheinrichtung ist so konstruiert, daß aus der Ruhestellung heraus nur eine Drehung um 90° nach rechts mit anschließendem Zurückdrehen möglich ist. Unabhängig von diesen Drehbewegungen kann das Anheben und Absenken der Palette auf dieser Einheit angesteuert werden.

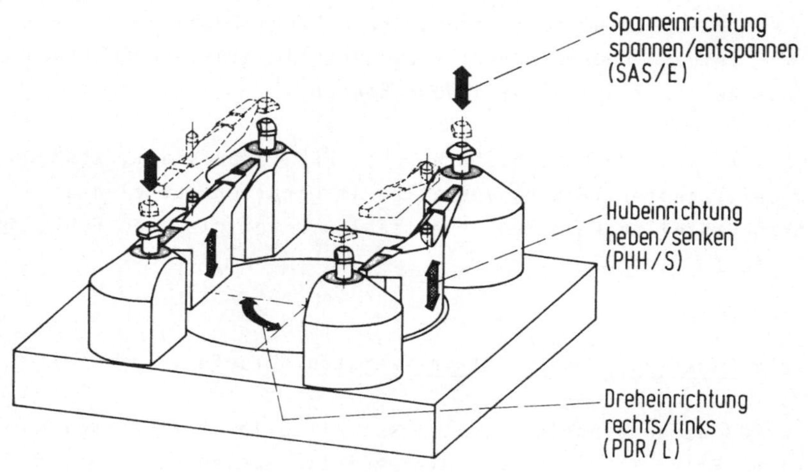

Bild 4.13: Palettenspann- und -dreheinrichtung

Somit erfolgt eine 90°-Rechtsdrehung nach folgendem Ablauf:

1. Palette anheben (Palette wird von der Spanneinrichtung abgehoben)
2. 90°-Rechtsdrehung
3. Palette absenken
4. 90°-Linksdrehung (Zurückdrehen der Dreheinrichtung auf Ruhestellung),

die Linksdrehung dagegen:

1. 90°-Rechtsdrehung (ohne Palette)
2. Palette anheben
3. 90°-Linksdrehung
4. Palette absenken.

Mehrfachdrehungen können durch wiederholten Durchlauf dieser Folgen erreicht werden.

Der Ablaufgraph dieser FG (Bild 4.14) enthält damit mehrere
Verzweigungen. Für die an den Verzweigungsstellen geltenden
Kriterien lassen sich Regeln formulieren. Diese Regeln sind
für die Übergangsbedingungen K_i der Verzweigungsstellen und
für die Startbedingung aus dem Ruhezustand des Beispiels in
Bild 4.14 angeschrieben.

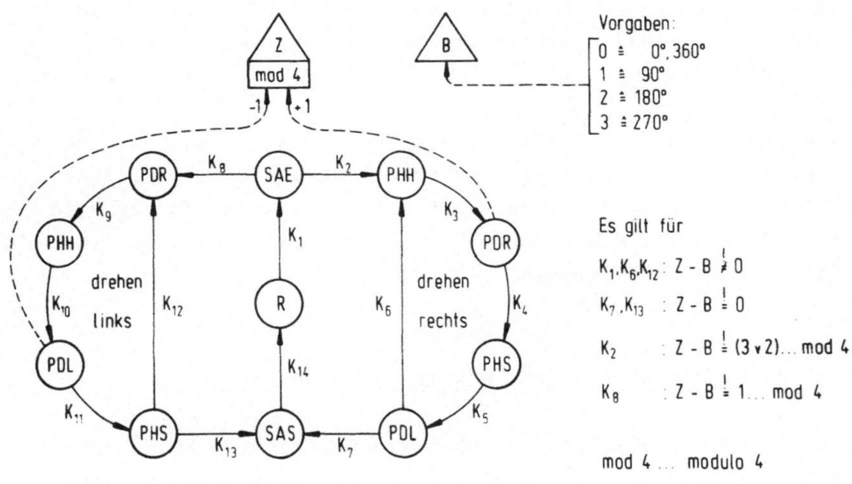

Bild 4.14: Ablaufgraph der FG nach Bild 4.13

Im Falle einer Drehung um 180° sind prinzipiell K_2 und K_8
gleichberechtigt. Für die praktische Ausführung muß hier ein
Übergang vorbestimmt werden. Beim gewählten Beispiel wurde
dem Drehen rechts die Priorität gegeben.

Wie am Beispiel gezeigt wurde, tritt neben den Übergangsbedingungen, die nur vom Erreichen bestimmter Zustände abhängen
und damit graphisch darstellbar sind, auch eine andere Art von
Übergangsbedingungen auf, die übergeordnete Regeln enthalten.
Solche Regeln sind dann dem Graph beizufügen. Sie werden in
Form von Gleichungen der klassischen oder Booleschen Algebra
formuliert.

In den verschiedenen Pfaden verzweigter Abläufe treten häufig
gleiche Schritte mehrfach auf. Es können theoretisch Graphen
entworfen werden, in welchen auch diese Schritte nur einmal
eingezeichnet sind. Dies führt jedoch zu Schwierigkeiten in
der Übersicht, da Schritte, die aus verschiedenen Richtungen
erreicht werden, meist auch wieder in unterschiedlichen Richtungen verlassen werden. Aus diesem Grund empfiehlt es sich,
derartige Schritte in den verschiedenen Pfaden jeweils getrennt darzustellen, wie dies auch im Beispiel (Bild 4.14)
geschehen ist.

Die drei FE der FG Palettenspann- und dreheinrichtung sind
lagebestimmte FE nach den Grundmodellen von Bild 4.8. Ihre
Verknüpfung mit dem Ablaufgraph erfolgt also analog zu Bild
4.12 Mitte. Auf die erneute Darstellung kann daher an dieser
Stelle verzichtet werden.

4.2.3 Zusammenwirken der Funktionsgruppen im System

Bei Funktionsabläufen, die über die Grenzen von FG hinweg zusammenwirken, treten sowohl unmittelbare als auch mittelbare
Abhängigkeiten auf. Im ersten Fall besteht ein unmittelbarer,
eng verzahnter Zusammenhang zwischen den beteiligten Teilfunktionen. Ein einfaches Beispiel einer solchen direkten
Kopplung ist in Bild 4.15 aufgezeigt.

Zwei mit entsprechenden Greifern ausgestattete Handhabungsgeräte sollen einander ein bestimmtes Transportgut ohne
Zwischenabsetzen übergeben. Dabei muß eine strenge Schrittfolge eingehalten werden, um die Funktion zu gewährleisten
und Kollisionen zu vermeiden.

Im zweiten Beispiel (Bild 4.16) besteht nur eine mittelbare
Abhängigkeit. Durch das Absetzen des Transportguts in einen
Zwischenpuffer können beide Geräte zeitlich weitgehend unab-
hängig operieren.

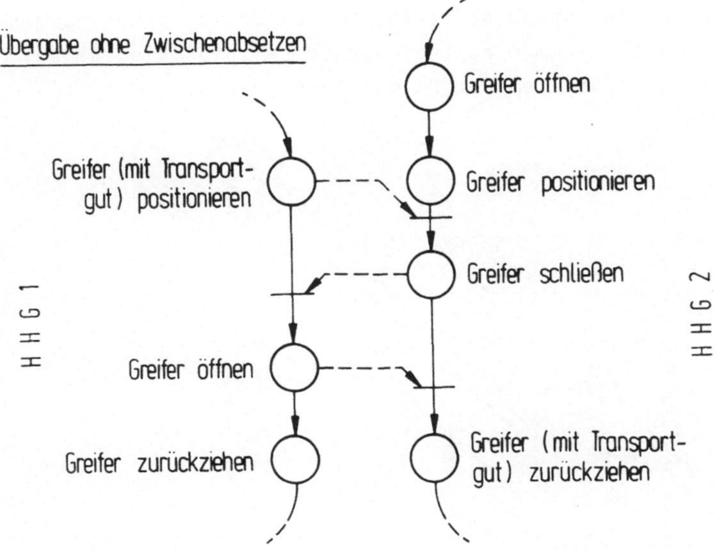

Bild 4.15: Direkte Kopplung zweier Handhabungsgeräte (HHG)

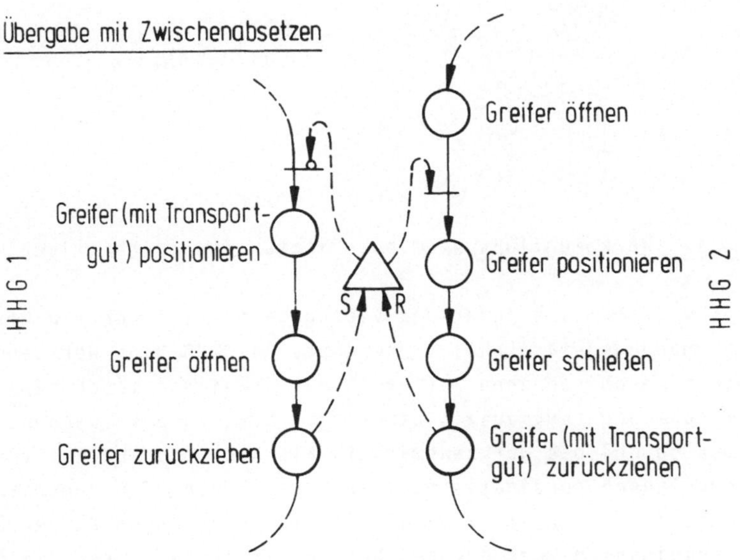

Bild 4.16: Mittelbare Abhängigkeit zweier HHG

Beide Arten der Abhängigkeit können bei der Verknüpfung mehrerer FG auch zusammen auftreten. Als Beispiel hierfür sei das Werkzeugflußsystem der Pilotanlage genannt.

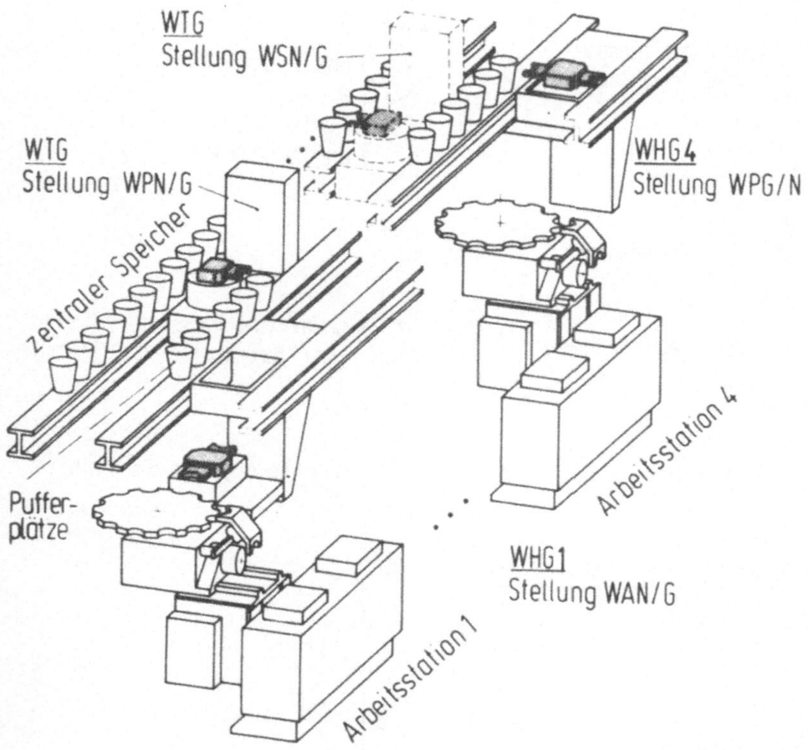

<u>Bild 4.17:</u> Werkzeugflußsystem der Pilotanlage (schematisch)

In diesem System ist jeder der vier Arbeitsstationen ein Werkzeughandhabungsgerät (WHG) zugeordnet. Das WHG kann Werkzeuge aus einem maschinennahen Puffer in das jeweilige maschinenspezifische Werkzeugmagazin einbringen bzw. zurücktauschen. Dazu muß sowohl das Werkzeugmagazin als auch das WHG auf vorgegebene Tauschkoordinaten positioniert werden. Ein zentrales Werkzeugtransportgerät (WTG) hat die maschinennahen Puffer aus einem gemeinsamen Werkzeugspeicher zu versorgen. Durch die Puffer ist das Transportgerät von den Handhabungsgeräten zeitlich entkoppelt.

Die Zusammenhänge zwischen den Funktionen einer Arbeitsstation, dem zugehörigen Handhabungsgerät und dem zentralen
Transportgerät sind als Entwurf in Bild 4.18 dargestellt.

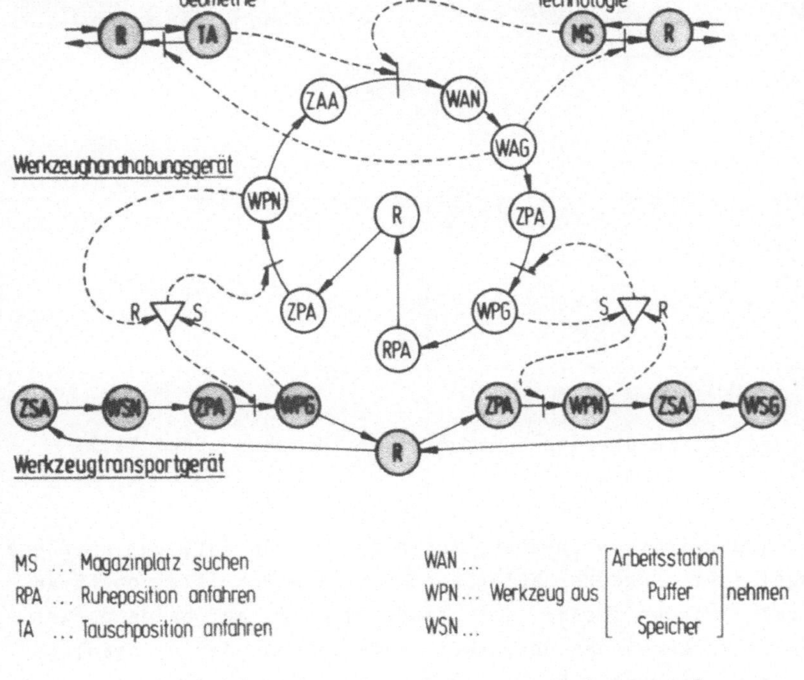

MS ... Magazinplatz suchen
RPA ... Ruheposition anfahren
TA ... Tauschposition anfahren

WAN ...
WPN ... Werkzeug aus
WSN ...

$\left.\begin{array}{l}\text{Arbeitsstation}\\ \text{Puffer}\\ \text{Speicher}\end{array}\right]$ nehmen

WAG ...
WPG ... Werkzeug in
WSG ...

$\left.\begin{array}{l}\text{Arbeitsstation}\\ \text{Puffer}\\ \text{Speicher}\end{array}\right]$ geben

ZAA ...
ZPA ... Zielposition
ZSA ...

$\left.\begin{array}{l}\text{Arbeitsstation}\\ \text{Puffer}\\ \text{Speicher}\end{array}\right]$ anfahren

Bild 4.18: Werkzeugtausch zwischen zentralem Speicher und einer
           Arbeitsstation (AS)

Wie beim Verketten von FE zu FG, das in Abschnitt 4.2.2 beschrieben wurde, kann auch die funktionale Verknüpfung über
die Grenzen der FG hinweg strukturiert vorgenommen werden. Die
prinzipielle Vorgehensweise verdeutlicht Bild 4.19.

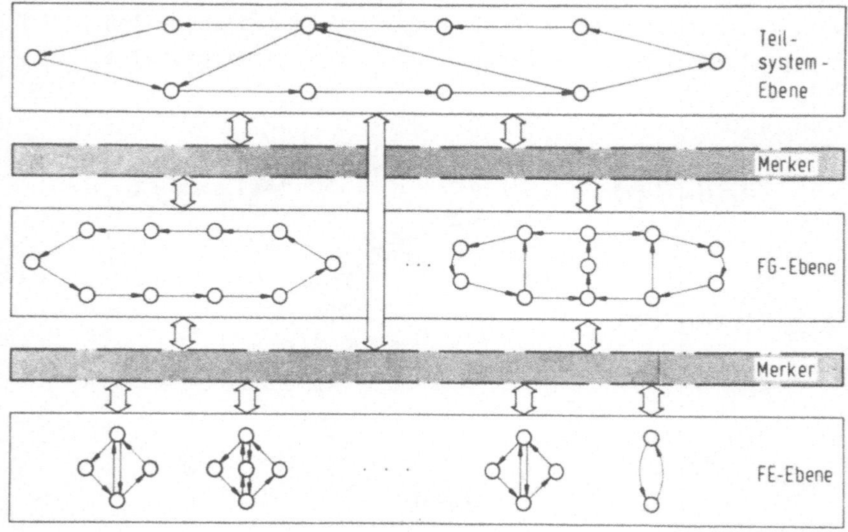

Bild 4.19: Hierarchische Struktur der Graphen eines Teilsystems

Da von der Teilsystem-Ebene aus nicht nur Abläufe auf FG-Ebene
eingeleitet, sondern häufig auch einzelne Schritte von FE angestoßen werden müssen, ist oft der Zugriff auf beide dargestellte Merkerebenen nötig. Ein Beispiel aus der Pilotanlage
soll dies verdeutlichen.

Der Transport der auf Paletten gespannten Werkstücke zwischen
einem Hochregallager und den Arbeitsstationen (AS) erfolgt
hier durch ein Regalbediengerät (RBG). Dieses RBG ist mit zwei
Teleskoptischen zur Aufnahme der Paletten ausgerüstet.

Beim Zuführen einer Palette auf eine Arbeitsstation müssen
die in Bild 4.20 aufgezeigten Schritte durchlaufen werden.
Nach dem Abholen der gewünschten Palette aus dem Regal mit den
Schritten ZR1 und PN1 wird an die Spanneinrichtung der betreffenden Arbeitsstation der Befehl "Entspannen" gegeben.

Befindet sich auf dieser Spanneinrichtung eine Palette, muß
diese zunächst auf den zweiten Teleskoptisch des RBG übernommen werden. Im anderen Fall kann sofort die vom Regal ge-
holte Palette vom Teleskoptisch 1 auf die Spanneinrichtung
übergeben werden.

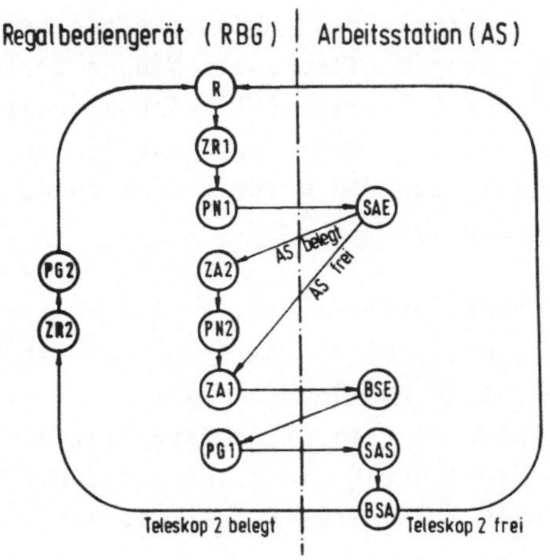

R   ... Ruhezustand
ZA 1/2 ... Zielposition Arbeitsstation mit Teleskop 1/2 anfahren
ZR 1/2 ... Zielposition Regal mit Teleskop 1/2 anfahren
PN 1/2 ... Palette übernehmen mit Teleskop 1/2
PG 1/2 ... Palette übergeben mit Teleskop 1/2
SAS /E ... Spanneinrichtung auf AS spannen / entspannen
BSE /A ... Blasluft an Spanneinrichtung ein / aus

Bild 4.20: Ablauf "Palette auf Arbeitsstation zuführen"

Während des Übergebens werden die Auflageflächen der Spanneinrichtung und der Palette mit Blasluft saubergehalten. War
von der AS keine Palette abzuholen, ist mit dem Spannen der
Palette und dem Abschalten der Blasluft der Zuführungszyklus
beendet, im anderen Fall muß die aufgenommene Palette noch ins
Regal zurückgeführt werden.

Während bei solchen Transportzyklen auf seiten des RBG nur
Abläufe von FG angesprochen werden, sind auf der jeweiligen
AS ausschließlich einzelne FE aus der FG Palettenspanneinrich-
tung beteiligt.

Die Existenz solcher FE als Schnittmenge verschiedener FG mit
den damit verbundenen unmittelbaren Abhängigkeiten bewirken,
daß sich Störungen auch über Gerätegrenzen hinweg fortpflan-
zen. Im Ablauf nach Bild 4.20 verursacht beispielsweise eine
Störung in der Spanneinrichtung der Arbeitsstation das Blok-
kieren des RBG. Damit ist auch die weitere Versorgung der übrigen Arbeitsstationen blockiert.

Solche unmittelbaren Abhängigkeiten lassen sich häufig durch
konstruktive Maßnahmen, wie z.B. das Zwischenschalten von Puffern als passiven Elementen, umgehen. Grundsätzlich gilt, da
Störungen in Schnittmengen sich in allen beteiligten FG bzw.
Teilsystemen auswirken, daß durch ein konstruktives Vermeiden solcher Schnittmengen die Teilverfügbarkeit der Komponenten im System erhöht werden kann.

5 Realisierung der Steuerungsfunktionen

5.1 Gerätemäßige Zuordnung der Steuerungsfunktionen

5.1.1 Einflußgrößen

Neben den bisher betrachteten, rein funktionsorientierten Kriterien sind für die gerätemäßige Verwirklichung der Steuerungsfunktionen eine Reihe weiterer Einflüsse zu berücksichtigen. In Bild 5.1 wurde versucht, die wichtigsten Kriterien für die Gerätezuordnung und der damit verbundenen Wahl der Schnittstellen zusammenzustellen.

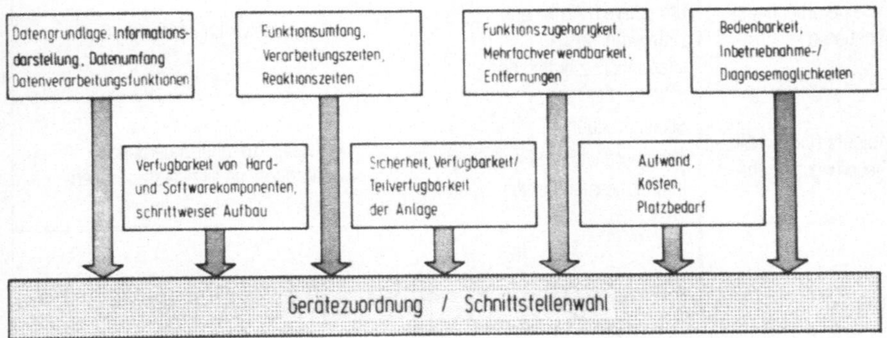

<u>Bild 5.1:</u> Einflüsse auf die Gerätezuordnung und die Wahl der Schnittstellen

Bevor eine Funktionszuordnung auf einzelne Geräte erfolgen kann und deren nähere Spezifikation aufgrund der genannten Kriterien festzulegen ist, muß die Entscheidung bezüglich der Art der jeweils einzusetzenden Prozessoren getroffen werden. Für die aufgezeigten Problemstellungen der prozeßnahen Steuerungsfunktionen in FFS sollen hierzu im folgenden Abschnitt Aussagen gemacht werden.

5.1.2 Aufgabenverteilung auf bit- und wortverarbeitende Prozessoren

Als bestimmende Kriterien für eine bessere Eignung bit- oder wortverarbeitender Prozessoren können die auftretenden Datenstrukturen, die notwendigen Datenverarbeitungsfunktionen und die Ablaufstruktur der jeweiligen Steuerungsaufgaben herangezogen werden.

KRITERIUM	PR	PC
Informationsdarstellung	digital (Wortstruktur)	binär (Bitstruktur)
Datenverarbeitungsfunktionen	Prüfen, Decodieren, Umcodieren, Arithmetik, Listenverarbeitung, Informationsspeicherung	Einzelsignalverknüpfung
Ablaufstruktur der Steuerungsaufgabe	Schleifenbildung, übergeordnete und verzweigte Folgen, informationstechnische Verkettung	einfache Zustandsänderungen, isolierbare, unverzweigte Folgen
Beispiele		

Bild 5.2: Aufgabenverteilung zwischen Prozeßrechner (PR) und programmierbarer Steuerung   (PC)

Aus der Gegenüberstellung in Bild 5.2 wird ersichtlich, daß programmierbare Steuerungen (PC) als einzelbitverarbeitende Prozessoren im wesentlichen für die unterste Steuerungsebene, im Sinne von Bild 4.12 und 4.19, also die Ebene der Funktionseinheiten, einzusetzen sind. Ausnahmen bilden hier Funktionsgruppen, die linear zu durchlaufende Folgen aufweisen und von anderen Abläufen isolierbar sind, bei denen also keine Synchronisation mit anderen Funktionsgruppen erfolgen muß.

Die besondere Eignung von PC für die FE-Ebene liegt darin begründet, daß diese Ebene vor allem geprägt ist durch das Erfassen einer großen Zahl von Einzelsignalen aus dem Prozeß und die Verknüpfung von Vorgaben, die ebenfalls als Einzelsignale vorliegen. Das Ergebnis besteht dann wieder aus binären Signalen als Ausgaben an den Prozeß.

Demgegenüber bieten Prozeßrechner Vorteile bei Steuerungsaufgaben mit verzweigten Folgen, mehrfach zu durchlaufenden Schleifen und bei notwendigem intensiven Datenaustausch mit nebenläufigen Prozessen. Bei solchen Steuerungsaufgaben ist die Verarbeitung paralleler Information vorherrschend.

Verzweigte Abläufe sind häufig verbunden mit dem Vergleichen parallel anstehender Information mit Sollvorgaben, die oft noch aus einer externen Darstellung in eine intern verarbeitbare Information gewandelt (umcodiert) werden müssen. Dazu kommt, insbesondere im Bereich der Transportsteuerung, die Notwendigkeit, mehrere Vorgaben zwischenzuspeichern. Damit verbunden ist das Verarbeiten von Listen.

Ebenso erfordert Schleifenbildung, also das mehrfache Durchlaufen gleicher Schrittfolgen in einem Ablauf, das Verarbeiten digitaler Information. Zunächst müssen zur Bestimmung, wie oft eine Schleife durchlaufen werden soll, arithmetische Funktionen bearbeitet werden. Bei der Ausführung ist dann die Anzahl der Schleifendurchläufe zu zählen und mit der Sollanzahl zu vergleichen.

Hierfür sind die einzelbitverknüpfenden Prozessoren ebenso ungeeignet wie für den Datenaustausch und die Synchronisation mit nebenläufigen Prozessen. Besonders in komplexen Systemen, wo verschiedene Teilbereiche miteinander kommunizieren, kann schon allein aufgrund des Leitungsaufwandes nicht jedes einzelne Signal über eine eigene Leitung übertragen werden, wie es für PC günstig verarbeitbar wäre.

Bei direkten seriellen Datenleitungen oder seriellen bzw.
parallelen Bussystemen / 33 /, die sich hier anbieten, müssen Befehle und Ausführungsquittierungen codiert und mit Ziel-
adressen versehen werden. Zur Datensicherung sind zusätzliche
Prüfzeichen beizufügen. Ein derartiger Datenaustausch ist mit
den bitorientierten programmierbaren Steuerungen nur sehr um-
ständlich durchführbar, da hier mühsam in vielen Einzelopera-
tionen zusammengestellt werden muß, was bei wortverarbeiten-
den Prozessoren oft nur eines Befehls bedarf.

Es ergibt sich damit für die prozeßnahen Steuerungsfunktionen
eine Zuordnung in zwei Ebenen. Auf der untersten Ebene übernehmen programmierbare Steuerungen die einfach strukturierten
Steuerungsaufgaben von FE und FG mit isolierbaren, unverzweigten Folgen. Die komplexeren Aufgaben werden übergeordnet einem Prozeßrechner übertragen. Der Begriff Prozeßrechner steht
in diesem Zusammenhang auch für alle Klein- und Mikrorechner,
die die bestimmenden Eigenschaften von Prozeßrechnern aufweisen.

Dabei gilt es jedoch abzuwägen, ob der Einsatz von zwei getrennten Steuergeräten gerechtfertigt ist. Liegen, wie z.B.
bei Transferstraßen, viele zu steuernde FE mit starren Abläufen vor, wird die Steuerungsaufgabe durch programmierbare
Steuerungen allein zu bewältigen sein. Ist dagegen die Steuerungsaufgabe dadurch geprägt, daß die Funktionen einiger weniger FE in variantenreichen Abläufen zusammenwirken, wie
dies beispielsweise bei Transport- und Handhabungseinrichtun-
gen der Fall sein kann, wird der Prozeßrechner auch die Ebene
der FE mit übernehmen, zumal nach dem hier vorgeschlagenen
Entwurf auch die Verwirklichung der Steuerungsfunktionen von
FE im Prozeßrechner sich einfach und effektiv gestaltet. Dies
wird im nächsten Abschnitt deutlich.

5.2 Umsetzung von Graphen in Steuerungssoftware

Zustands- und Ablaufgraphen sind die Darstellung eines regulären Betriebes, wobei die Einschaltroutinen außer Acht ge-

lassen werden. Bei der Steuerungsrealisierung muß diesem regulären Betrieb eine Initialisierungsphase vorangesetzt werden, während der steuerungsintern ein Abbild des Prozeßzustandes aufgebaut wird. Dazu werden die bestehenden Zustände der Funktionseinheiten erfaßt und entsprechend dieser Istaufnahme die Zustandsvariablen vorbesetzt. Gegebenenfalls sind bestimmte Funktionseinheiten in vorgeschriebene Ausgangszustände überzuführen, um den Ruhezustand übergeordneter Funktionsgruppen zu erreichen.

Erst wenn sich nach der Initialisierungsphase alle Funktionsgruppen in ihrem definierten Ausgangszustand (Ruhezustand) befinden, kann der reguläre Betrieb freigegeben werden. Dieser reguläre Betrieb steht im folgenden im Mittelpunkt. Dabei soll mit dem einfacheren Fall der unverzweigten Folge begonnen werden.

5.2.1 Unverzweigte Folge

Das Umsetzen des Ablaufgraphen einer unverzweigten Folge in Steuerungssoftware geschieht im Prinzip wie in Bild 5.3 dargestellt. Jeder Kante des Graphen entspricht dabei eine Entscheidungsraute im Flußdiagramm und jedem Knoten ein entsprechender Programmabschnitt zur Bearbeitung des jeweils anstehenden Schritts.

Eingeleitet wird der Ablauf, wenn der entsprechende Befehl gesetzt ist. Die einzelnen Übergangsbedingungen K_{ij} sind dann erfüllt, wenn der jeweils vorhergehende Schritt ausgeführt, das heißt, der gewünschte Zustand in der betreffenden FE erreicht ist und eventuell vorhandene Verriegelungsbedingungen erfüllt sind.

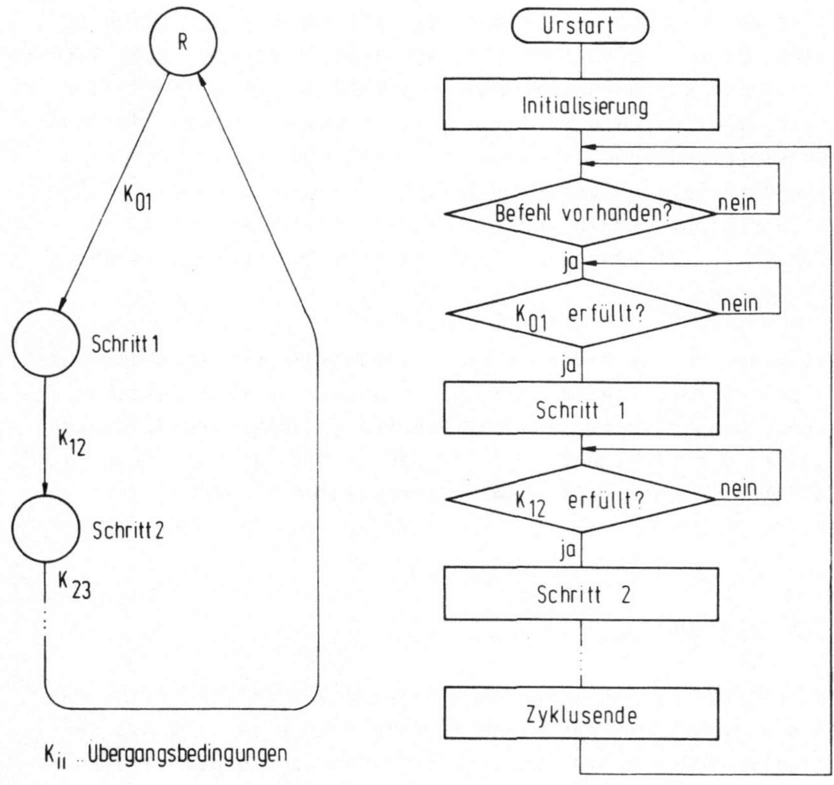

Bild 5.3: Umsetzen eines Ablaufgraphen in ein Flußdiagramm; einfaches Beispiel: unverzweigte Folge.

Derart geschlossene Programmabläufe, wie in Bild 5.3 darge-stellt, würden für jeden einzelnen Funktionsablauf einen eige-nen Prozessor voraussetzen und damit einen unverhältnismäßig großen Aufwand bedeuten. Dies soll hier in dieser Form auch nur zur Darstellung des prinzipiellen Vorgehens dienen.

Um eine größere Anzahl von Funktionen miteinander verarbeiten zu können, müssen die Warteschleifen, während der auf die Er-füllung der jeweiligen Übergangsbedingungen gewartet wird, aufgebrochen werden. Das Gesamtprogramm wird dazu in einzelne

Programmsegmente aufgeteilt, die zyklisch von einem zentralen
Verwaltungsprogramm (Abschnitt 5.4) beauftragt werden können.

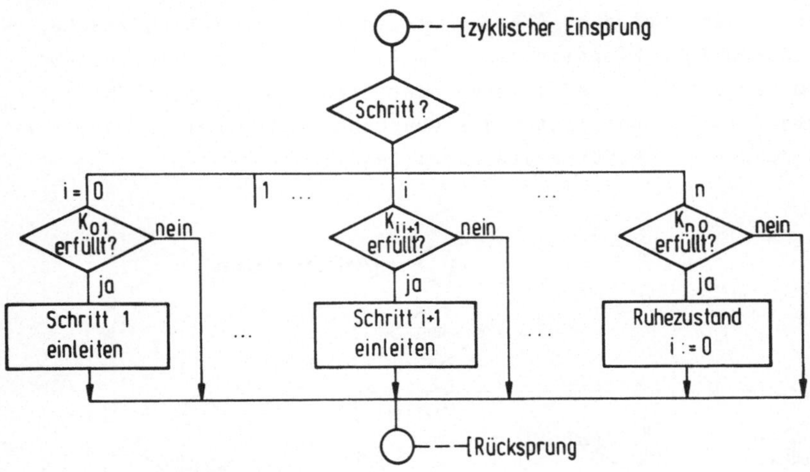

<u>Bild 5.4</u>: Umsetzen eines Ablaufgraphen in ein segmentiertes
Flußdiagramm; Funktionsmodul "unverzweigte Folge"

Dies führt zu dem in Bild 5.4 dargestellten Flußdiagramm für
die Umsetzung eines Ablaufgraphen in einen Steuerungsmodul.
Dabei ist noch vorausgesetzt, daß der Ablauf unverzweigt erfolgt, also die Schrittfolge im voraus bekannt ist. Ein Steuerungsmodul, im folgenden auch Funktionsmodul genannt, umfaßt
die in der Software verwirklichte Steuerungsaufgabe, abgegrenzt
nach der jeweils zu steuernden Einheit. Ein Modul kann also
einer Funktionseinheit, einer Funktionsgruppe oder einem Teilsystem entsprechen.

Vom zentralen Verwaltungsprogramm brauchen dabei nur solche
Funktionsmoduln angesprochen werden, deren Befehls- und Zustandsmerker verschiedene Inhalte aufweisen. Die Initialisie-
rung der einzelnen Funktionsgruppen ist hier an den Beginn
des Verwaltungsprogramms zu legen. Dies gilt gleichermaßen
für verzweigte Folgen.

5.2.2. Verzweigte Folge

In Graphen verzweigter Folgen existieren Knoten, von welchen
mehr als ein Übergang (Kante) wegführt. Entsprechend tauchen
im zugehörigen Flußdiagramm, wie in Bild 5.5 in allgemeiner
Form dargestellt, bei solchen Schritten mehrere gleichberech-
tigte Entscheidungsrauten als Übergangsmöglichkeit zu den verschiedenen weiterführenden Schritten auf.

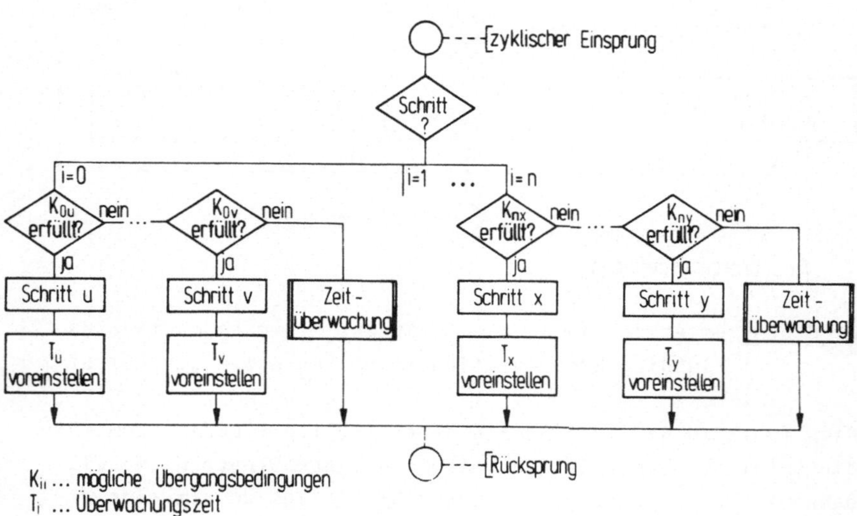

Bild 5.5: Funktionsmodul "verzweigte Folge"

Diese Form der Umsetzung bleibt nun nicht auf die Funktions-
gruppenebene beschränkt, sondern läßt sich nach demselben
Schema ebenso auf der Teilsystemebene, aber auch auf der Ebene der Funktionseinheiten, also bei der Umsetzung reiner Zustandsgraphen in Flußdiagramme, anwenden. Für letzteren Fall
ist in Bild 5.5 jeweils der Begriff Schritt durch Zustand zu
ersetzen.

5.2.3 Buchführung

Die Zustandsfortschreibung wird zweckmäßig den einzelnen
Funktionsmoduln zugeordnet. Dazu führt jeder Modul seinen ei-
genen Schrittzähler, der den jeweils aktuellen Schritt an-
zeigt. Außerdem sind entsprechend den Ausführungen in Abschnitt 4.2 Befehls- und Zustandsmerker zu setzen.

Ebenfalls in die zuständigen Funktionsmoduln integrieren läßt
sich das Führen der Systemabbilder von Werkstück- und Werkzeugfluß. Dabei fällt bei jedem abgeschlossenen Übergabevor-
gang im Transportablauf das Übertragen der jeweiligen Kennun-
gen in den entsprechend der Systemkonfiguration angelegten
Listen an.

5.3 Störungserkennung durch Zeitüberwachung

Störungen sind dadurch gekennzeichnet, daß das sich einstel-
lende Funktionsverhalten vom gewünschten abweicht. Das gewünschte Funktionsverhalten kann definiert werden durch das
jeweilige Ziel eines vorgegebenen Schrittes und die Zeit, in
welcher dieses Ziel erreicht wird.

Da das Erreichen eines bestimmten Sollzustands Teil der weiterführenden Übergangsbedingungen ist, reduziert sich das Erkennen von Störungen, wie in Bild 5.5 dargestellt, auf eine
Zeitüberwachung. Aus Bild 5.5 wird außerdem deutlich, daß bei
der hier hergeleiteten Form der Steuerungssoftware die Zeitüberwachung vorteilhaft integrierbar ist.

Je nach Realisierungsart der Zeitüberwachung ist die für jeden einzelnen Schritt individuell vorgebbare Überwachungszeit T_i nach Bild 5.6 voreinzustellen. Entsprechend ist das
Unterprogramm "Zeitüberwachung" auszuführen. Das Überschrei-
ten der maximal tolerierten Ausführungsdauer eines Schrittes
löst eine Fehlermeldung aus. Um Wiederholungen gleicher Feh-

lermeldungen zu vermeiden, kann durch "gestört"-setzen ein
weiteres Aufrufen des betreffenden Funktionsmoduls verhindert werden.

	Realzeituhr (unregelmäßiger Aufruf)	Differenzzeituhr (Aufruf in festem Zeitraster ϑ_{diff})
T_i-Voreinstellung	$T_i := T_{real} + \vartheta_{imax}$	$T_i := \vartheta_{imax}$
Unterprogramm „Zeitüberwachung"	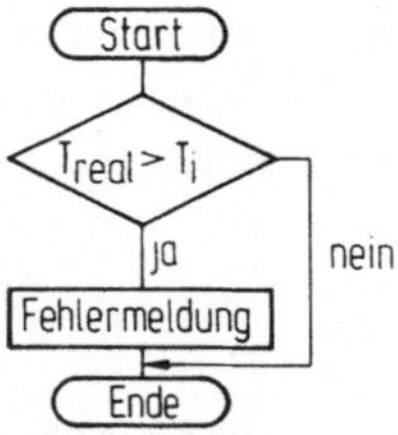 Start → $T_{real} > T_i$ → ja: Fehlermeldung / nein → Ende	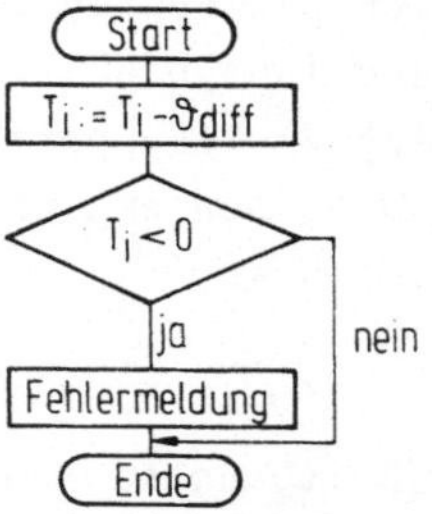 Start → $T_i := T_i - \vartheta_{diff}$ → $T_i < 0$ → ja: Fehlermeldung / nein → Ende

T_i ... Überwachungszeit von Schritt i
T_{real} ... Realzeit
ϑ_{imax} ... maximal tolerierte Ausführungsdauer von Schritt i
ϑ_{diff} ... Zeitraster der Differenzzeituhr

<u>Bild 5.6:</u> Realisierungsmöglichkeiten der Zeitüberwachung

Die Kenntnis, welcher Schritt nicht ausgeführt, bzw. welcher
Zustand nicht verlassen werden konnte, bildet bereits einen
wichtigen Ansatz zur Fehlereingrenzung, an welchem die Fehlerdiagnose / 23 / anknüpfen kann.

Selbstverständlich kann eine derartige Zeitüberwachung nur
eine Ergänzung zu den Methoden der stetigen Überwachung sein,
denn sie dient nur zur frühzeitigen Fehlererkennung und -mel-
dung, nicht aber zur Verhinderung von Schäden an den Einrichtungen. Dazu sind die jeweils kritischen Größen wie Tempe-
raturen, Ströme, Drücke, Momente usw. direkt zu erfassen.
Derartige Überwachungseinrichtungen sind in der Regel unabhängig von der Steuerung im Leistungsteil realisiert. Zur

Realisierung auf Steuerungsebene bietet sich jedoch das Überwachen der Regelabweichungen geregelter Systeme an. Ein Beispiel ist hier die Schleppabstandsüberwachung lagegeregelter Vorschubachsen.

Es bleibt hier noch anzumerken, daß bei der Verwendung auf FE-Ebene eine Zeitüberwachung nur bei den temporären Zuständen sinnvoll ist.

Die mögliche Realisierungsart der Zeitüberwachung (Bild 5.6) hängt außer von hardwaremäßigen Gegebenheiten auch wesentlich von der Ausführung der zentralen Verwaltung ab. Diese wird im folgenden Abschnitt behandelt.

5.4 Zentrales Verwaltungsprogramm

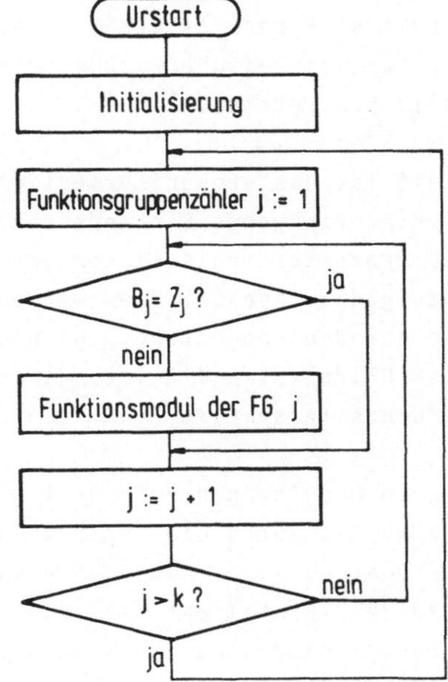

Bild 5.7: Zentrales Verwaltungsprogramm nach dem Scannerprinzip

Eine Möglichkeit der Ausführung eines Verwaltungsprogramms bietet das Scannerprinzip. Dabei werden in immer gleicher, fester Folge die Merker der einzelnen Funktionsgruppen nach Aufträgen abgefragt. Steht ein Auftrag an, ist also $B \neq Z$, wird der entsprechende Funktionsmodul angesprochen. Im anderen Fall erfolgt die Abfrage der jeweils nächstfolgenden Funktionsgruppe. Bei Anwendung des Scannerprinzips bietet sich eine Zeitüberwachung mit Hilfe der Realzeituhr an.

Daneben bestehen prinzipiell zwei weitere Möglichkeiten der Realisierung eines Verwaltungsprogramms. Dies ist einmal die zyklische Beauftragung der Funktionsmoduln nach einem einstellbaren Zeittakt (Differenzzeituhr). Der Zeittakt kann nach den jeweiligen Anforderungen der zu steuernden Einheiten vorgewählt werden. Damit werden unnötig häufige Aufrufe der Funktionsmoduln vermieden und Zeit für andere Aufgaben geringerer Priorität, wie z.B. Anzeigenbedienung, Protokollerstellung o.ä. gewonnen. Das zyklische Beauftragen nach einem festen Takt impliziert hier für die Zeitüberwachung die Methode mit Differenzzeituhr (Bild 5.6 rechts).

Die dritte Möglichkeit ist das ereignisorientierte Beauftragen. Dazu sind interrupterzeugende Eingänge nötig, die Zustandsänderungen des Prozesses registrieren und daraufhin entsprechende Interruptsignale abgeben. Hier werden die einzelnen Funktionsmoduln also nur dann beauftragt, wenn dies vom Funktionsablauf her tatsächlich notwendig ist. Es ergibt sich damit eine weitere Rechenzeitersparnis.

Das ereignisorientierte Beauftragen erfordert gegenüber den erstgenannten Möglichkeiten durch die interrupterzeugenden Eingänge erhöhten Hardwareaufwand. Außerdem erwachsen hier zweierlei Schwierigkeiten. Einmal entfällt die Zwangsläufigkeit, mit der alle Funktionsmoduln, die sich nicht im Ruhezustand befinden, durchlaufen werden. Damit wird bei gegenseitigen Abhängigkeiten ein direktes Beauftragen von Funktionsmoduln untereinander nötig. Dies führt zu einer Unüber-

sichtlichkeit, die das Austesten und vor allem auch nachträg-
liche Änderungen schwierig macht. Zum anderen läßt sich die
Zeitüberwachung nicht wie in Bild 5.5 dargestellt in die einzelnen Funktionsmoduln integrieren. Es wird hierfür ein se-
parates, parallel laufendes System nötig.

5.5 Bewertung der aufgezeigten Methode in bezug auf Ver-
knüpfungs- und Ablaufsteuerungen

Die Begriffe Verknüpfungssteuerung und Ablaufsteuerung / 24 /
bezeichnen zwei Steuerungsprinzipien, die durch unterschiedliche Aufgabenstellungen charakterisiert sind. Während die
Verknüpfungssteuerung bis auf Rückkopplungen für Selbsthal-
tungen und Verriegelungen rein kombinatorischen Charakter auf-
weist und zeitliche Abfolgen von außen vorgegeben werden, ist
bei der Ablaufsteuerung ein zwangsläufig schrittweiser Ablauf
festgelegt. Dabei können die jeweiligen Weiterschaltbedingun-
gen von der Zeit oder von erreichten Prozeßzuständen abhängig
sein.

Bei der in dieser Abhandlung angewandten zustandsorientierten
Betrachtungsweise werden alle Funktionen als Folgen von Zustandsänderungen aufgefaßt. Dies führt zwangsläufig zum Prinzip der Ablaufsteuerung. Zusätzlich ist jedoch ein kombinato-
rischer Anteil notwendig, der in die Formulierung der jeweiligen Übergangsbedingungen zu legen ist. Eine eindeutige Zuordnung zu einem der genannten Prinzipien läßt sich damit
nicht mehr treffen. Die aufgezeigte Methode ist vielmehr als
Kombination von beiden und damit übergeordnet zu sehen.

6 Anwendung in einer Pilotanlage

Im Rahmen des Sonderforschungsbereichs 155 der Universität
Stuttgart wurde ein flexibles Fertigungssystem als Pilotanlage erstellt. Es handelt sich dabei um ein Fertigungssystem
für prismatische Werkstücke mit Kantenlängen bis 300 mm. Den
Kern dieses Systems bilden vier Bearbeitungszentren. Diese
sind über einen gemeinsamen Werkstück- und Werkzeugfluß miteinander verkettet (vgl. auch Bild 1.1 und 4.17). Eine der
Aufgaben innerhalb des genannten Sonderforschungsbereichs war
die Entwicklung eines auf die Belange flexibler Fertigungssysteme zugeschnittenen Steuerungssystems.

6.1 Steuerungsstruktur der Pilotanlage

Ausgangspunkt bei dieser Entwicklung war eine an Funktionen
orientierte Betrachtungsweise mit dem Ziel, durch Zusammenfassen artgleicher Aufgaben den gerätetechnischen Aufwand ge-
ringer zu halten als bei Lösungen mit autarken Steuerungen an
jeder Arbeitsstation. Das so entstandene hierarchisch geglie-
derte Mehrrechnersteuerungssystem nach Bild 6.1 ist daher charakterisiert durch das mehrfache Ausnutzen einmal realisierter
Funktionen.

Insbesondere im prozeßnahen Bereich konnte dies aufgrund der
Gleichartigkeit der Arbeitsstationen 1...4 und das mehrfache
Vorhandensein gleicher Transportgeräte im Materialfluß erreicht werden. Dazu sind die funktionsspezifischen Programmbausteine in Geometrie- und Technologierechner derart gestaltet, daß sie ausschließlich über Parametereingabe den jeweils
aktuellen Maschinen bzw. Geräten zugeordnet werden / 34 /.
Entsprechendes gilt auch, wenn innerhalb einer Maschine
gleichartige Funktionsgruppen existieren.

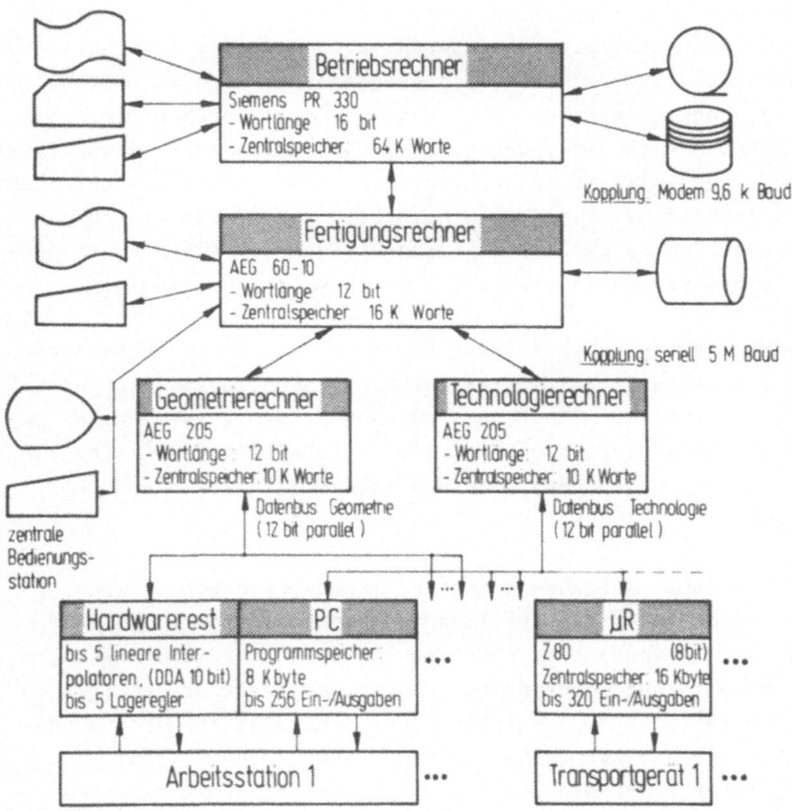

Bild 6.1: Steuerungssystem der Pilotanlage (nach / 7 /)

6.2 Verwirklichung der prozeßnahen Steuerungsfunktionen in der Pilotanlage

6.2.1 Verarbeitung der Technologie- und Transportsteuerdaten

Im Technologiezweig des Steuerungssystems der Pilotanlage (Bild 6.1) wird neben dem Verarbeiten der Technologiesteuer-

daten der Arbeitsstationen auch die Steuerung von Werkstück-
und Werkzeugtransport übernommen. Dabei erfolgt eine Aufgabenverteilung zwischen Technologierechner und nachgeschal-
teten programmierbaren Steuerungen (PC) im Bereich der Transportgeräte nach den charakteristischen Datenverarbeitungsfunktionen und Ablaufstrukturen der jeweiligen Steuerungsaufgaben.
Entsprechend der Gliederung nach Bild 5.2 liegen die Aufgaben von PC bzw. μR bei der Steuerung der einzelnen Funktionseinheiten und Funktionsgruppen mit unverzweigten Folgen.

Die Wahl von μR anstelle von PC im Bereich der Transportge-
rätesteuerung beruht einmal auf der Entscheidung, lagegere-
gelte Systeme zur Positionierung der Geräte zu verwenden. Dazu ist die Verarbeitung digitaler Information und Arithmetik
notwendig. Zum anderen sind häufig parallel anstehende Codierungen zu erfassen und weiterzuleiten.

Übergeordnete Aufgaben nimmt der Technologierechner wahr. Die
für diesen Rechner erstellten Programmbausteine zeigt Bild
6.2. Neben den bereits erwähnten Aufgaben der Verarbeitung
technologischer Information und der Verarbeitung der Trans-
portsteuerdaten des Werkstück- und Werkzeugtransports sind
hier Programme zur Zustandsdatenerfassung angegliedert, da
auf dieser Ebene ein unmittelbarer Zugriff auf die Systemabbilder und die aktuellen Prozeßzustände besteht.

Bei der Programmierung wurde streng auf modularen Aufbau geachtet. Die einzelnen Funktionsmoduln korrespondieren untereinander ausschließlich über Merker und Listen. Diese Ent-
kopplung ermöglicht eine getrennte Testbarkeit der einzelnen
Funktionsmoduln, da eine direkte gegenseitige Beeinflussung
nicht vorkommt. Dadurch wurde insbesondere der schrittweise
Auf- und Ausbau des Systems wesentlich erleichtert.

Zu Test- und Inbetriebnahmezwecken dient ein On-line-Bedie-
nungssystem (Monitor). Damit kann zum einen der Test neu er-
stellter Software erfolgen, zum anderen aber auch während des

Betriebs der Anlage auf die Merkerebene, auf die Schrittzähler der einzelnen Funktionsmoduln und auf die Systemabbilder
zugegriffen werden, ohne den eigentlichen Betriebsablauf zu
unterbrechen.

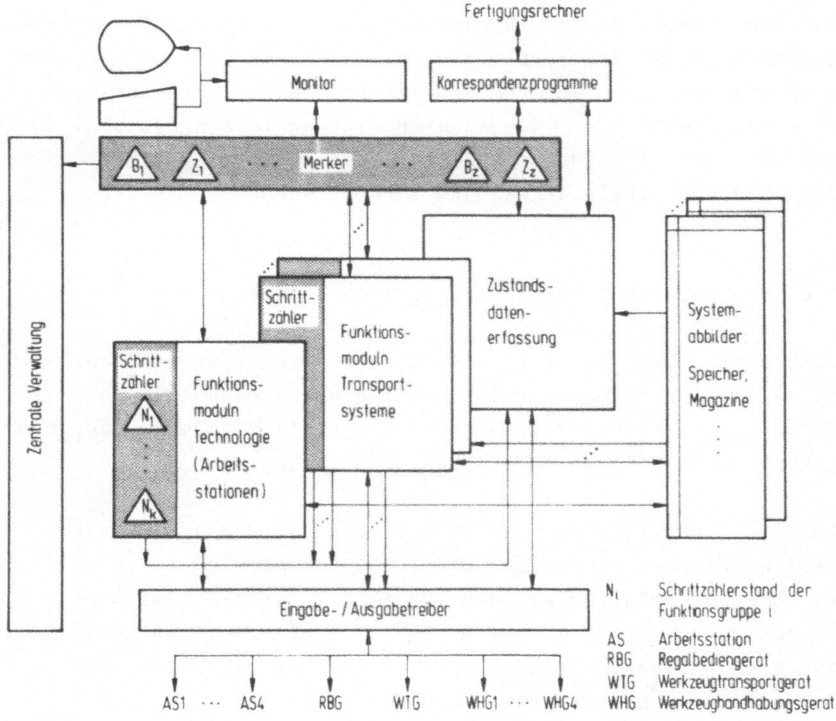

Bild 6.2: Programmbausteine im Technologierechner

Die Erfahrungen beim Betrieb der Pilotanlage zeigten, daß
dies vor allem wichtig ist bei Störungen, um Auskunft über
den Istzustand zu erhalten, und als Hilfe zum Wiedereinstieg
in den regulären Ablauf nach Störungsbehebung. Zur Sicherheit
gegen unbeabsichtigte Eingriffe kann dieser Monitor nur über
ein besonderes Schlüsselwort angesprochen werden, das nur dem
autorisierten Personal bekannt ist.

Auch dieser Monitor ist nach Art einer Funktionsgruppe der Anlage erstellt und in die zentrale Verwaltung eingekettet. Das Verwaltungsprogramm ist nach dem Scannerprinzip organisiert (vgl. Bild 5.7). Dieser Scanner kann jedoch durch äußere Ereignisse unterbrochen werden. Derartige Ereignisse sind neben den vom übergeordneten Fertigungsrechner eintreffenden Vorgabedaten und den Prozeßrückmeldungen auch die Bedienereingaben über den Monitor. Nach dem Registrieren dieser Ereignisse, dies geschieht in der Regel durch Eintrag in den zuständigen Befehls- bzw. Zustandsmerker, wird die Initiative sofort wieder an die zentrale Verwaltung zurückgegeben.

6.2.2 Verarbeitung geometrischer Steuerdaten

Zentrale Aufgabe bei der Verarbeitung geometrischer Steuerdaten ist die Berechnung der Lageführungsgrößen. Wie in 3.1.1 dargestellt ergeben sich hierbei die bestimmenden Randbedingungen aus den hohen zeitlichen Anforderungen.

Um diesen Anforderungen genügen zu können, wurde die Interpolation auf zwei Stufen aufgeteilt. Im Geometrierechner erfolgt durch Programmbausteine, die für alle Maschinen gemeinsam verwendet werden, eine zentrale Grobinterpolation. Verwirklicht ist eine lineare Interpolation im Raum und zirkulare Interpolation in den Hauptebenen. Nachgeschaltet übernehmen, für jede Vorschubeinheit getrennt, festverdrahtete Interpolatoren eine lineare Feininterpolation. Diese sind zusammen mit ebenfalls festverdrahteten Lagereglern pro Maschine zu sogenannten Hardwareresten (HR) zusammengefaßt.

Als Kriterium zur Abgrenzung zwischen Software und Hardware wurde der bei der Annäherung eines Kreises durch einen Polygonzug entstehende Sehnenfehler herangezogen. Für charakteristische Wertebereiche für Radien und Bahngeschwindigkeiten, wie sie für Werkzeugmaschinen zugrunde gelegt werden können, er-

hält man für das Zeitraster der softwaremäßigen Grobinterpolation einen Grenzwert von maximal 20 ms / 18, 34 /. Trotz des
hohen arithmetischen Aufwands lassen sich diese zeitlichen
Anforderungen mit dem vorgegebenen Rechner (Bild 6.1) erfüllen, wenn für alle Maschinen in einem gemeinsamen festen
Zeitraster von 20 ms interpoliert wird. Durch diese Maßnahme
kann außerdem der Verwaltungsaufwand sehr gering gehalten
werden (Bild 6.3).

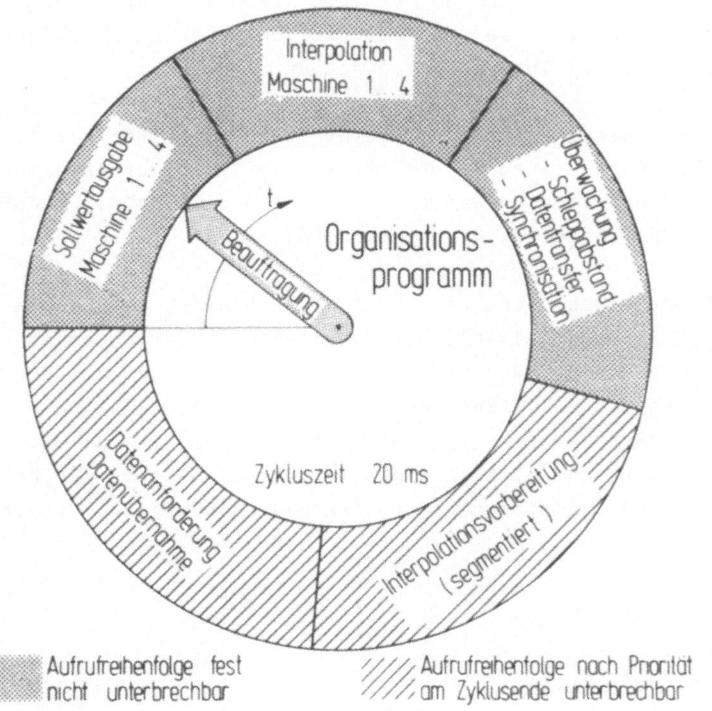

Bild 6.3:   Beauftragung der Programmbausteine im
            Geometrierechner

Die Zykluszeit wird durch eine Differenzzeituhr vorgegeben.
Um den Ausgaberhythmus an die Hardwarereste streng einhalten

zu können, wird unmittelbar zu Beginn jedes Zyklus die Sollwertausgabe angestoßen. Als Parameter wird, wie bei den
übrigen Programmbausteinen, lediglich eine Maschinennummer
bzw. Listenadresse übergeben, unter der die aktuellen Daten
abgelegt sind. Für die Sollwertausgabe gilt, wie für die nach-
folgende Interpolation, welche die im nächsten Durchlauf auszu-
gebenden Sollwerte bereitstellt, ebenso wie für die Überwachung, daß alle Bausteine für jede Maschine einmal aufgerufen werden. Die Interpolationsvorbereitung und der Daten-
verkehr zum übergeordneten Fertigungsrechner sind nicht an den
Zyklus gebunden. Diese Programme werden nach Bedarf aufgerufen
und können am Zyklusende unterbrochen werden.

Im Bereich der Verarbeitung geometrischer Steuerdaten ist der
in dieser Arbeit aufgezeigte strukturierte Entwurf wie im
Technologiebereich anwendbar. Entsprechend wurde die Programmierung der einzelnen Programmbausteine gestaltet.

Auch hier zeigte sich, daß durch das Einhalten der Ebenen-
struktur mit ausschließlicher Korrespondenz der einzelnen
Programmbausteine über Merker und Listen eine getrennte
Erstellung mit vollständigem Einzeltest möglich ist. Dies
erwies sich außer bei Test und Inbetriebnahme vor allem
auch bei der schrittweisen Erweiterung des Systems und bei
Änderung und Optimierung einzelner Bausteine als hilfreich.

7 <u>Zusammenfassung und Ausblick</u>

Zielsetzung dieser Arbeit war es, eine Beschreibungsform für
Entwurf und Dokumentation von Steuerungssystemen vorzuschlagen,
die sich an Funktionen orientiert, und darauf aufbauend Hinweise für die Realisierung zu geben. Dabei wurde von den Anforderungen an die prozeßnahen Steuerungsfunktionen in flexiblen
Fertigungssystemen ausgegangen. Besondere Berücksichtigung
fanden hier die funktionalen Zusammenhänge innerhalb des
Gesamtsystems. Durch eine systematische Einteilung der Komponenten in Funktionseinheiten, Funktionsgruppen und Teilsysteme nach funktionalen Kriterien konnte eine Strukturierung der Steuerungsaufgaben vorgenommen werden, die sowohl
den Entwurf als auch die spätere Realisierung erleichtert.

Die gefundene Beschreibungsform baut auf Zustandsgraphen
auf, die um Synchronisationselemente erweitert wurden. Damit
läßt sich sowohl die Koordination verschiedener nebenläufiger
Prozesse als auch das Zusammenwirken von Funktionen in hier-
archischen Strukturen darstellen. Dies wurde an charakteristischen Beispielen aus den Bereichen der Arbeitsstationen und
Transportsysteme einer Pilotanlage eines flexiblen Fertigungs-
systems aufgezeigt.

Das Umsetzen der Graphen in Software für Prozeßrechner kann
auf wenige Grundmuster reduziert werden und wird dadurch algo-
rithmierbar. Es erscheint daher für die Zukunft möglich, für
derartige Aufgabenstellungen zu einer rechnerunterstützten
Programmerstellung zu kommen, wie dies im Bereich der Gene-
rierung von Programmen für speicherprogrammierte Steuerungen
(PC) realisiert ist / 35 /. Da PC in ihren Funktionen ständig
in Richtung der Prozeßrechner erweitert werden und damit die
Grenzen zwischen beiden auch in den Anwendungsgebieten immer
mehr verwischt werden, ist es besonders wichtig, daß beim
Steuerungsentwurf Verfahren Verwendung finden, die beide Bereiche überdecken.

Schrifttum

/ 1 / Stute, G.   Der Einfluß neuer Steuerungsentwick-
                           lungen auf die Fertigungstechnik.
                           wt-Z. ind. Fertig. 70 (1980) Nr. 4,
                           S. 261...271.

/ 2 / Stute, G.   Flexible Fertigungssysteme.
                           wt-Z. ind. Fertig. 64 (1974) Nr. 3,
                           S. 147...156.

/ 3 / Stute, G.u.a.   Flexibles Fertigungssystem - Aufbau
                           einer Modellanlage.
                           Annals of CIRP, Vol.24 (1975),
                           S. 285...290.

/ 4 / DIN 44 300   Informationsverarbeitung. Begriffe.
                           Ausgabe März 1972.

/ 5 / König, H.   Beitrag zur Strukturanalyse und zum
                           Entwurf von Steuerungen für Ferti-
                           gungseinrichtungen.
                           ISW 13. Berlin, Heidelberg, New York:
                           Springer-Verlag 1976.

/ 6 / Nann, R.   Beitrag zur Automatisierung der Ferti-
                           gung durch den Einsatz von Digital-
                           rechnern.
                           ISW 4. Berlin, Heidelberg, New York:
                           Springer-Verlag 1972.

/ 7 / Stute, G. u.a.   Grundlagen der Prozeßautomatisierung
                           für die Fertigung / Prozeßsteuerung
                           (Steuerung flexibler Fertigungssyste-
                           me).
                           Kernforschungszentrum Karlsruhe,
                           KFK-PDV 107, Februar 1977.

/ 8 / Döttling, W.,   Einbeziehung neuer Aufgaben in den
        Herrscher, A.   Informationsfluß von flexiblen Ferti-
gungssystemen.
wt-Z. ind. Fertig. 69 (1979) Nr. 8,
S.489...494.

/ 9 / VDI 3424   Direktsteuerung mit Hilfe von Digital-
rechnern.
VDI-Richtlinien.
Düsseldorf: VDI-Verlag 1972.

/ 10 / Zastrow, F.   Systemkonfiguration zur Steuerung
flexibel verketteter Fertigungsein-
richtungen.
Essen: Girardet-Verlag, HGF-Kurzbe-
richte (Lose-Blatt-Sammlung) 75/45.

/ 11 / Firnau, J.   Entwurf eines Steuerungssystems für
flexible Fertigungssysteme.
Essen: Girardet-Verlag, HGF-Kurzbe-
richte (Lose-Blatt-Sammlung) 77/66.

/ 12 / Döttling, W.   Beitrag zur Steuerung und Überwachung
des Fertigungsablaufs in flexiblen
Fertigungssystemen.
Stuttgart: eingereichte Dr.-Ing.-Diss.
1980.

/ 13 / Stute, G. u.a.   Prozeßüberwachung in flexiblen Ferti-
gungssystemen.
Kernforschungszentrum Karlsruhe,
KFK-PDV 148, Mai 1978.

/ 14 / DIN 19 233   Automat, Automatisierung. Begriffe.
Ausgabe Juli 1972.

/ 15 / Stute, G. Steuerungstechnik der Werkzeugmaschi-
nen.
Vorlesungsmanuskript.
Universität Stuttgart 1979.

/ 16 / Weck, M. Werkzeugmaschinen. Band 3. Automatisierung und Steuerungstechnik.
Düsseldorf: VDI-Verlag 1978.

/ 17 / DIN 66 025 Programmaufbau für numerisch gesteuer-
   Blatt 2 te Arbeitsmaschinen; Wegbedingungen
und Zusatzfunktionen.
Ausgabe Mai 1972.

/ 18 / Binder, D. Untersuchungen zur Interpolation in
numerischen Bahnsteuerungen.
ISW 24. Berlin, Heidelberg, New York:
Springer-Verlag 1979.

/ 19 / Stof, P. Untersuchung von Möglichkeiten zur
Reduzierung dynamischer Bahnabweichun-
gen bei numerisch gesteuerten Werk-
zeugmaschinen.
ISW 20. Berlin, Heidelberg, New York:
Springer-Verlag 1978.

/ 20 / Jetter, H. Beitrag zur Struktur und zum Aufbau
programmierbarer Steuerungen in Fertigungseinrichtungen.
ISW 15. Berlin, Heidelberg, New York:
Springer-Verlag 1976.

/ 21 / Storr, A. Planung und Realisierung flexibler
Fertigungssysteme.
wt-Z. ind. Fertig. 69 (1979) Nr. 11,
S.681...691.

/ 22 / Steinhilber, H.   Anforderungen an den Werkzeugfluß
                         flexibler Fertigungssysteme.
                         Essen: Girardet-Verlag, HGF-Kurzbe-
                         richte (Lose-Blatt-Sammlung) 79/22.

/ 23 / Schwager, J.   Externe Diagnose für PC-gesteuerte
                         Maschinen.
                         Essen: Girardet-Verlag. HGF-Kurzbe-
                         richte (Lose-Blatt-Sammlung) 80/9.

/ 24 / DIN 19 237   Steuerungstechnik; Begriffe.
                         Ausgabe Febr. 1972.

/ 25 / Stute, G.,   Weiterbildung Technik; Steuerungs-
        Schimmele, A.   technik Teil 1: Einführung in die
                         Steuerungstechnik.
                         wt-Z. ind. Fertig. 68 (1978) Nr. 8,
                         S.519...522.

/ 26 / Storr, A.   Grundlagen der Prozeßrechentechnik.
                         Vorlesungsmanuskript.
                         Universität Stuttgart 1980.

/ 27 / DIN 66 001   Informationsverarbeitung: Sinnbilder
                         für Datenfluß- und Programmablauf-
                         pläne.
                         Ausgabe Sept. 1977.

/ 28 / VDI 3260   Funktionsdiagramme von Arbeitsmaschi-
                         nen und Fertigungsanlagen.
                         VDI-Richtlinien.
                         Düsseldorf: VDI-Verlag 1977.

/ 29 / DIN 40 719,   Schaltungsunterlagen: Regeln und
        Teil 7   graphische Symbole für Funktions-
                         pläne.
                         Ausgabe März 1977.

/ 30 / DIN 40 713   Schaltzeichen: Schaltgeräte, An-
                          triebe, Auslöser.
                          Ausgabe April 1972.

/ 31 / Wendt, S.   Petri-Netze und asynchrone Schalt-
                          werke.
                          Elektronische Rechenanlagen 16 (1974)
                          Nr. 6, S.208...216.

/ 32 / Gottschalk, W.   Petri-Netze in der Eisenbahnsignal-
                          technik.
                          Signal und Draht 69 (1977) Nr. 8,
                          S.171...179.

/ 33 / Wörn, H.   Numerische Steuersysteme. Aufbau und
                          Schnittstellen eines Mehrprozessor-
                          steuersystems.
                          ISW 27. Berlin, Heidelberg, New York:
                          Springer-Verlag 1979.

/ 34 / Herrscher, A.   Steuerdatenabarbeitung in einem Steuer-
                          system für flexible Fertigungs-
                          systeme.
                          Essen: Girardet-Verlag, HGF-Kurzbe-
                          richte (Lose-Blatt-Sammlung) 76/94
                          und 77/36.

/ 35 / Heck, K.-P.,   Rechnerunterstützter Entwurf von
      Rieger, K.-H.,   Funktionssteuerungen.
      Schimmele, A.   Essen: Girardet-Verlag, HGF-Kurzbe-
                          richte (Lose-Blatt-Sammlung) 78/24.

Berichte aus dem Institut für Steuerungstechnik der Werkzeugmaschinen und Fertigungseinrichtungen der Universität Stuttgart

Herausgegeben von Prof. Dr.-Ing. G. Stute

Erschienen:

ISW 1: D. Schmid, Numerische Bahnsteuerung, 89 S., 1972

ISW 2: H. Schwegler, Fräsbearbeitung gekrümmter Flächen, 111 S., 1972

ISW 3: J. Eisinger, Numerisch gesteuerte Mehrachsenfräsmaschinen, 90 S., 1972

ISW 4: R. Nann, Rechnersteuerung von Fertigungseinrichtungen, 125 S., 1972

ISW 5: G. Augsten, Zweiachsige Nachformeinrichtungen, 140 S., 1972

ISW 6: B. Karl, Die Automatisierung der Fertigungsvorbereitung durch NC-Programmierung, 121 S., 1972

ISW 7: H. Eitel, NC-Programmiersystem, 117 S., 1973

ISW 8: E. Knorr, Numerische Bahnsteuerung zur Erzeugung von Raumkurven auf rotationssymmetrischen Körpern, 131 S., 1973

ISW 9: S. Bumiller, Viskohydraulischer Vorschubantrieb, 123 S., 1974

ISW 10: K. Maier, Grenzregelung an Werkzeugmaschinen, 139 S., 1974

ISW 11: J. Waelkens, NC-Programmierung, 159 S., 1974

ISW 12: E. Bauer, Rechnerdirektsteuerung von Fertigungseinrichtungen, 138 S., 1975

IWS 13: H. König, Entwurf und Strukturtheorie von Steuerungen für Fertigungseinrichtungen, 206 S., 1976

ISW 14: H. Damson, Fünfachsiges NC-Fräsen, 143 S., 1976

ISW 15: H. Jetter, Programmierbare Steuerungen, 141 S., 1976

ISW 16: H. Henning, Fünfachsiges NC-Fräsen gekrümmter Flächen, 179 S., 1976

ISW 17: K. Boelke, Analyse und Beurteilung von Lagesteuerungen für numerisch gesteuerte Werkzeugmaschinen, 106 S., 1977

ISW 18: F.-R. Götz, Regelsystem mit Modellrückkopplung für variable Streckenverstärkung, 116 S., 1977

ISW 19: H. Tränkle, Auswirkungen der Fehler in den Positionen der Maschinenachsen beim fünfachsigen Fräsen, 103 S., 1977

ISW 20: P. Stof, Untersuchungen über die Reduzierung dynamischer Bahnabweichungen bei numerisch gesteuerten Werkzeugmaschinen, 118 S., 1978

ISW 21: R. Wilhelm, Planung und Auslegung des Materialflusses flexibler Fertigungssysteme, 158 S., 1978

ISW 22: N. Kappen, Entwicklung und Einsatz einer direkten digitalen Grenzregelung für eine Fräsmaschine mit CNC, 123 S., 1979

ISW 23: H. G. Klug, Integration automatisierter technischer Betriebsbereiche, 124 S., 1978

ISW 24: D. Binder, Interpolation in numerischen Bahnsteuerungen, 132 S., 1979

ISW 25: O. Klingler, Steuerung spanender Werkzeugmaschinen mit Hilfe von Grenzregeleinrichtungen (ACC), 124 S., 1979

ISW 26:   L. Schenke, Auslegung einer technologisch-geometrischen Grenzregelung für die Fräsbearbeitung, 113 S., 1979

ISW 27:   H. Wörn, Numerische Steuersysteme. Aufbau und Schnittstellen eines Mehrprozessorsteuersystems, 141 S., 1979

ISW 28:   P. B. Osofisan, Verbesserung des Datenflusses beim fünfachsigen NC-Fräsen, 104 S., 1979

ISW 29:   J. Berner, Verknüpfung fertigungstechnischer NC-Programmiersysteme, 101 S., 1979

ISW 30:   K.-H. Böbel, Rechnerunterstütze Auslegung von Vorschubantrieben, 113 S., 1979

ISW 31:   W. Dreher, NC-gerechte Beschreibung von Werkstücken in fertigungstechnisch orientierten Programmsystemen, 105 S., 1980

ISW 32:   R. Schurr, Rechnerunterstützte Projektierung hydrostatischer Anlagen, 115 S., 1981

ISW 33:   W. Sielaff, Fünfachsiges NC-Umfangsfräsen verwundener Regelflächen. Beitrag zur Technologie und Teileprogrammierung, 97 S., 1981

ISW 34:   J. Hesselbach, Digitale Lageregelung an numerisch gesteuerten Fertigungseinrichtungen, 111 S., 1981

ISW 35:   P. Fischer, Rechnerunterstützte Erstellung von Schaltplänen am Beispiel der automatischen Hydraulikplanzeichnung, 111 S., 1981

ISW 36:   U. Ackermann, Rechnerunterstützte Auswahl elektrischer Antriebe für spanende Werkzeugmaschinen, ca. 118 S., 1981

ISW 37:   W. Döttling, Flexible Fertigungssysteme – Steuerung und Überwachung des Fertigungsablaufs, ca. 105 S., 1981

ISW 38:   J. Firnau, Flexible Fertigungssysteme – Entwicklung und Erprobung eines zentralen Steuersystems, 112 S., 1982

ISW 39:   A. Herrscher, Flexible Fertigungssysteme – Entwurf und Realisierung prozeßnaher Steuerungsfunktionen, 103 S., 1982

In Vorbereitung:

ISW 40:   U. Spieth, Numerische Steuersysteme – Hardewareaufbau und Ablaufsteuerung eines Mehrprozessorsteuersystems, ca. 115 S., 1982

Springer-Verlag
Berlin · Heidelberg · New York